蒙宁地区紫花苜蓿高效节水全程机械化综合生产技术

李彬 徐利岗 闫建文 等 编著

中国水利水电出版社
www.waterpub.com.cn

·北京·

内 容 提 要

　　本书基于"十三五"国家重点研发计划课题和"干旱风沙草原区高效节水灌溉技术研究与集成应用"研究成果撰写而成。内容主要包括紫花苜蓿概况、形态特征及品种、紫花苜蓿灌溉水源工程、紫花苜蓿灌溉过滤设备选型及其运行管理、紫花苜蓿水肥一体化施肥设备选型及运行管理、紫花苜蓿建植管理技术、紫花苜蓿水肥一体化管理技术、中耕除草和病虫害防治、收获与青贮等内容。

　　本书可供基层水利技术人员、农业技术人员和农牧民的技术培训以及节水灌溉技术科普宣传，也可供条件相似地区农业管理人员、农技推广人员和农业生产者参考使用。

图书在版编目（CIP）数据

蒙宁地区紫花苜蓿高效节水全程机械化综合生产技术/
李彬等编著. -- 北京 : 中国水利水电出版社，2021.3
　ISBN 978-7-5170-9502-6

Ⅰ.①蒙… Ⅱ.①李… Ⅲ.①紫花苜蓿－节水栽培－
机械化栽培 Ⅳ.①S541

中国版本图书馆CIP数据核字(2021)第054671号

书　　名	蒙宁地区紫花苜蓿高效节水全程机械化综合生产技术 MENG - NING DIQU ZIHUA MUXU GAOXIAO JIESHUI QUANCHENG JIXIEHUA ZONGHE SHENGCHAN JISHU
作　　者	李彬　徐利岗　闫建文　等　编著
出版发行	中国水利水电出版社 （北京市海淀区玉渊潭南路1号D座　100038） 网址：www.waterpub.com.cn E-mail：sales@waterpub.com.cn 电话：(010) 68367658（营销中心）
经　　售	北京科水图书销售中心（零售） 电话：(010) 88383994、63202643、68545874 全国各地新华书店和相关出版物销售网点
排　　版	中国水利水电出版社微机排版中心
印　　刷	北京印匠彩色印刷有限公司
规　　格	145mm×210mm　32开本　3.125印张　87千字
版　　次	2021年3月第1版　2021年3月第1次印刷
印　　数	0001—1000册
定　　价	**48.00元**

本书编委会

主　　编：李　彬　　徐利岗　　闫建文

副主编：田德龙　　周　乾　　赵　举　　贾俊喜
　　　　窦立玮

编　　委：张建中　　姚一萍　　史　培　　张雷云
　　　　黄　斌　　降亚楠　　高凌智　　高　远
　　　　汤　英　　何建龙　　狄彩霞　　戚迎龙
　　　　马金慧　　张三粉　　栗艳芳　　尹春艳
　　　　李文多　　李克昌　　兰　剑　　宁淑红
　　　　周飞星　　乌云塔娜　张利国　　云伏雨
　　　　李秀萍　　刘晓宇　　武俊红　　安俊义
　　　　张　娜

内蒙古自治区和宁夏回族自治区（以下简称蒙宁地区），多处于干旱半干旱内陆地区，光热资源丰富，但水资源短缺。当地社会经济可持续发展与土地生产力的提高，都极为依赖水资源的高效利用。

蒙宁地区又是我国西部牧区重要的畜牧业生产基地，人工草地的发展对于维持畜牧业持续、稳定、健康发展，保护生态环境，提高畜牧业生产水平具有重要作用，但也加剧了水资源供需矛盾，灌溉水的高效利用成为当地经济发展和生态保护的重大战略需求。通过对先进节水灌溉技术及其配套农艺农机技术的研发与普及推广，必将进一步提高牧区水资源生产效率和草地综合生产能力，为牧民增收、畜牧产业增效、牧区振兴发展提供有力支持。

依托国家重点研发计划课题"干旱风沙草原区高效节水灌溉技术研究与集成应用"（2016YFC0400305）的实施，课题研究团队开展了大量技术研发，取得了丰富的科技成果和技术积累，并在蒙宁地区局部进行了示范推广工作。为满足蒙宁地区农牧业生产需要及高效节水灌溉技术的普及，将课题系列成果切实转化为现实生产力，课题承担单位内蒙古自治区农牧业科学院，联合宁夏回族自治区水利科学研究院、内蒙古农业大学、大禹节水集团股份有限公司、水利部牧区水利科学研究所共同编写了此书。

在编写过程中，编者力求知识体系的系统性、实用性和创新性；同时，考虑到基层水利、农业技术人员和农牧民知识水平及接受能力，注重图文并茂，并采用通俗易懂的表述形式，力图为蒙宁地区及相似地区的农牧民和基层农业技术人员对现代化高效节水灌溉技术的实践提供有益参考。

在本书编写过程中得到中国水利水电科学研究院、西北水利水电建筑勘察设计院、宁夏农林科学院、内蒙古森尔建设股份有限公司、鄂尔多斯市盛世金农农牧业开发有限责任公司、鄂托克旗农牧局和鄂托克旗水利局的大力支持和帮助，在此一并表示感谢。由于编写时间和水平有限，书中难免存在不足之处，敬请提出宝贵意见。

编者

2021 年 3 月

目 录

第一章
紫花苜蓿概况、形态特征及品种 ≫≫≫≫

第一节　紫花苜蓿概况

紫花苜蓿是多年生豆科牧草，也是我国乃至世界上种植最多的牧草品种。苜蓿在我国已有 2000 年的栽培历史，广泛分布于西北、华北和东北地区，喜温暖半干旱气候，日均温度 15～20℃ 最适宜其生长。苜蓿抗寒性强，能耐－30℃ 的低温，但高温高湿对其生长不利。由于根系入土深，能充分吸收土壤深层的水分，故抗旱能力强，对土壤要求不高，沙土、黏土均可生长；但以深厚疏松、富含钙质的土壤最为适宜。一年四季均可播种，在春季墒情好、风沙危害少的地区可春播，春季干旱晚霜较迟、风沙多的地区可在雨季夏播。由于其适应性强、产量高、品质好等优点，素有"牧草之王"的美称。苜蓿的寿命一般是 5～10 年，在年降雨量 250～800 毫米、无霜期 100 天以上的地区均可种植。喜中性土壤，以土壤 pH 值 6～7.5 为宜，6.7～7.0 最佳。成株高 1～1.5 米。

苜蓿的营养价值很高，粗蛋白质、维生素含量很丰富，动物必需的氨基酸含量高，苜蓿干物质中含粗蛋白质 15%～26.2%，相当于豆饼的一半，比玉米高 1～2 倍；赖氨酸含量 1.05%～1.38%，比玉米高 4～5 倍。苜蓿的产量根据不同品种、不同地区、管理水平和刈割次数不同，产量差异很大。

紫花苜蓿是苜蓿的一个品种，原产于土耳其、亚美尼亚、伊朗、阿塞拜疆等地，在欧亚大陆和世界各国广泛栽培，在我国各地都有栽培或呈半野生状态。由于紫花苜蓿产草量高，利用年限

长、再生性强，且能肥田增产，因此在畜牧业上，其优势能完全凸显出来。紫花苜蓿是各种牲畜最喜食的牧草，叶的粗蛋白质含量比茎高 1.0～1.5 倍，粗纤维含量比茎少 50%。栽种 5 年后可作为放牧地使用，但应有计划地做到分区轮割或轮牧。越是幼嫩，叶的比例较大，营养价值越高。因此，紫花苜蓿的营养价值与收获时期关系很大，幼嫩苜蓿含水量较高，随生长阶段的延长，蛋白质含量逐渐减少，粗纤维含量显著增加。初花期刈割的苜蓿消化率高，适口性好。播种后 2～5 年内生产力高，青刈或调制干草可以获得更高的经济效益。

　　紫花苜蓿茎叶中含有丰富的蛋白质、矿物质、多种维生素及胡萝卜素，特别是叶片中含量更高。紫花苜蓿鲜嫩状态时，叶片重量占全株的 50% 左右。在同等面积的土地上，紫花苜蓿的可消化总养料是禾本科牧草的 2 倍，可消化蛋白质是 2.5 倍，矿物质是 6 倍。

第二节　紫花苜蓿形态特征

　　紫花苜蓿是豆科苜蓿属多年生草本植物，根系发达，主根入土深达数米至数十米；根茎密生许多茎芽，显露于地面或埋入表土中，茎蘖枝条多达十余条至上百条。茎秆斜上或直立，光滑，略呈方形，高为 100～150 厘米，分枝很多。叶为羽状三出复叶，小叶呈长圆形或卵圆形，先端有锯齿，中叶略大。总状花序簇生，每簇有小花 20～30 朵（图 1-1 和图 1-2），蝶形花有短柄，雄蕊 10 枚，1 离 9 合，组成联合雄蕊管，有弹性；雌蕊 1 个。荚果螺旋形，2～4 回，表面光滑，有不甚明显的脉纹，幼嫩时呈淡绿色，成熟后呈黑褐色，不开裂，每荚含种子 2～9 粒。种子肾形，黄色或淡黄褐色，表面有光泽，陈旧种子色暗；千粒重 1.5～2.3 克，每千克有 30～50 万粒。

图 1-1　紫花苜蓿现蕾——初花期

图 1-2　紫花苜蓿盛花期

　　紫花苜蓿抗逆性强，适应范围广，能生长在多种类型的气候、土壤环境下。性喜干燥、温暖、多晴天、少雨天的气候和干燥、疏松、排水良好，富含钙质的土壤。气温 25～30℃ 最适宜其生长；年降雨为 400～800 毫米的地区生长良好，但超过 1000 毫米则生长不良。年降雨量在 400 毫米以内，需有灌溉条件才生长旺盛。夏季多雨湿热天气对生长最为不利。紫花苜蓿蒸腾系数高，生长需水量多。每构成 1 克干物质约需水 800 克，但又最忌积水，若连续淹水 1～2 天即大量死亡。紫花苜蓿适应在中性至微碱性土壤上种植，不适应强酸、强碱性土壤，土壤 pH 值 7～8 为宜，

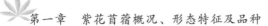

土壤含可溶性盐在 0.3% 以下就能生长。在海拔 2700 米以下，无霜期 100 天以上，全年不小于 10℃积温 1700℃以上，年平均气温 4℃以上的地区都是紫花苜蓿宜植区。紫花苜蓿属于强光作用植物，刚开展的叶片同化二氧化碳的最大量每小时每平方米为 70 毫克；叶片的淀粉含量昼夜变幅大，干重从上午的 8% 增加至日落时的 20%，其后含量急剧下降。叶片是进行光合作用的场所，一个发育良好的苜蓿群体叶面积指数通常为 5，每平方米有中等大小的叶片 5000～15000 个。

第三节　紫花苜蓿品种选择

一、品种分类

我国苜蓿育种工作始于新中国成立初期，与国外育成品种的数量和质量相比，我国苜蓿的育种工作落后许多。国内的研究培育过程在规模上、程序上，相对于国外缺乏系统性。美国是世界上苜蓿第一生产大国，目前美国的苜蓿品种有几百个，其育成品种多以适应性和抗虫能力为选育目标，近年来育成苜蓿新品种固氮能力强且对镰苞菌枯萎病、疫霉根腐病和苜蓿斑点蚜均有较高抗性（图 1-3）。

图 1-3　紫花苜蓿种子

目前，我国审定登记的苜蓿品种有 60 多个。按其生长特性分为耐寒品种、耐旱品种、耐盐碱品种、耐湿热品种和高产品种。

（1）耐寒品种，包括龙牧 801、龙牧 803、龙牧 806、草原 1 号、草原 2 号、草原 3 号、图牧 1 号、图牧 2 号、甘农 1 号、甘农 2 号、新牧 1 号、新牧 2 号、新牧 3 号、阿勒泰杂花苜蓿、北疆苜蓿、新疆大叶苜蓿、河西苜蓿、蔚县苜蓿、敖汉苜蓿和肇东苜蓿、巨人 201＋z、驯鹿和皇冠。

（2）耐旱品种，包括草原 1 号、草原 2 号、草原 3 号、图牧 1 号、图牧 2 号、敖汉苜蓿、蔚县苜蓿、准格尔苜蓿、陕北苜蓿、河西苜蓿、北疆苜蓿和阿勒泰杂花苜蓿和 CW400。

（3）耐盐碱品种，包括中苜 1 号、中苜 3 号、龙牧 801、龙牧 806、新牧 2 号、新牧 3 号、沧州苜蓿、保定苜蓿、无棣苜蓿、河西苜蓿、阿勒泰杂花苜蓿和阿迪娜。

（4）耐湿热品种，包括渝苜 1 号和淮阴苜蓿。

（5）高产品种，包括中苜 1 号、中苜 2 号、中苜 3 号、公农 1 号、公农 2 号、龙牧 801、龙牧 803、龙牧 806、草原 3 号、甘农 3 号、甘农 4 号、新牧 2 号、新牧 3 号、WL323、爱费尼特、CW200 直立型和大银河。

下面介绍几个有代表性的苜蓿品种。

（一）国内品种

1. 草原 1 号

草原 1 号苜蓿以内蒙古锡林郭勒天然草原的野生黄花苜蓿（*Medicago falcata L.*）为母本，以内蒙古准格尔苜蓿为父本，采用人工授粉进行种间杂交育成（图 1－4）。

草原 1 号苜蓿株型直立或半直立。花色有深紫色、淡紫色、紫色、黄绿色、白色、淡黄色、金黄色等。荚果形状有螺旋形（49.0％）、镰刀形（25.5％）和环形（25.5％）3 种。生育期 110 天左右。抗寒性强、较抗旱。适宜种植区域为内蒙古东部、东北和华北北部。

图1-4 草原1号

2. 草原2号

草原2号苜蓿是以锡林郭勒盟黄花苜蓿作母本，准格尔苜蓿、武功苜蓿、府谷苜蓿、亚洲苜蓿、苏联一号苜蓿等5个苜蓿品种作父本，天然杂交选育而成。特征特性：有直立、半直立、匍匐3种株形，以半直立为主。杂色花。生育期120天左右。能耐−37～−43℃低温。抗旱、抗寒、抗风沙。适应种植区域为内蒙古西部及东北、西北地区。

3. 草原3号

草原3号耐寒、耐旱，干草产量800公斤/亩以上。适宜种植区域为北方寒冷干旱、半干旱地区。

4. 新牧1号

新牧1号抗寒。部分植株有根茎，具根蘖性状。适宜种植区域为新疆、甘肃河西走廊和宁夏引黄灌区。

5. 敖汉苜蓿

敖汉苜蓿耐旱、耐寒，适宜北方干旱、寒冷地区种植。20世纪50年代初引自甘肃省，经过在敖汉40多年的栽培驯化，成为适应当地气候条件的地方品种。适宜于年平均温5～7℃、最高气温39℃、最低气温−35℃、不小于10℃年活动积温2400～3600℃、年降水量 260～460 毫米的东北、华北和西北各省（自治区、直辖市）均宜种植。该品种叶片小，根系入土深，茎叶上疏生白色柔毛，株型直立，花冠淡紫色。生育期 100～105 天，抗旱、抗寒性强，抗风沙、耐瘠薄，适应性较为广泛，适宜旱作栽培，干草产量为 700～1000 公斤/亩。

6. 肇东苜蓿

肇东苜蓿耐寒，在肇东地区旱作干草产量 450～750 公斤/亩。适宜种植区域为北方寒冷地区。

7. 新疆大叶苜蓿

新疆大叶苜蓿叶片大，干草产量 800 公斤/亩左右。适宜种植区域为新疆南疆、甘肃河西走廊和宁夏引黄灌区。

8. 陇东苜蓿

陇东苜蓿为旱作高产品种，是国产优质苜蓿地方品种。北方许多省（自治区）已有大面积种植，最适宜种植区域为黄土高原及华北地区。叶片较小，色泽浓绿，花序短而紧凑，花色深紫，在旱作条件下生产持续期很长，第 2～7 年产量高且非常稳定、均衡，尤其是第一茬草产量高。该品种抗旱性较强，抗寒性中等，为中熟品种，干草产量为 650～950 公斤/亩；但苗期生长较为缓慢，刈割后的再生能力处于中等水平。

9. 甘农 1 号

甘农 1 号是以黄花苜蓿与苜蓿杂交后代为亲本，采用改良混合选择方法培育而成。该品种株形多为半直立，花以浅紫色和杂色为主，荚果以松螺旋形（0.5～1.5 回）和镰刀形为主。根为主根型，但侧根较多，有 5% 左右的植株具有根蘖。该品种抗寒性和抗旱性强，属于中早熟品种，产量中等。适宜种植区域为黄土高原西部、北部，青藏高原边缘海拔 2700 米以下、年平均气温 2℃ 以上的地区（图 1-5）。

10. 甘农 2 号

甘农 2 号是由国外引进的 9 个根蘖型苜蓿品种之一，经多年抗寒筛选和根系鉴定，从中选出 7 个无性繁殖系形成的综合品

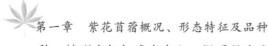

种。株型半匍匐或半直立，根系具有发达的水平根，根上有根茎膨大部分，可形成新芽出土成为枝条。花多为浅紫花和少量杂色花，荚果为松散螺旋形。该品种的主要性状是根蘖性状明显，开放传粉后代的根蘖株率在20％以上，有水平根的株率在70％以上；扦插并隔离繁殖后的根蘖株率在50％～80％，水平根株率在95％左右，越冬性好，产量一般，在温暖地区比普通苜蓿品种产量稍低。该品种是具有根蘖性状的放牧型苜蓿品种，适宜种植区域为黄土高原地区、西北荒漠沙质壤土地区和青藏高原北部边缘地区，作为混播放牧、刈割兼用品种。因其根系扩展性强，更适宜于水土保持、防风固沙和护坡固土。

图1-5　甘农1号苜蓿

11. 甘农3号

甘农3号丰产，干草产量800～1000公斤/亩。适宜种植区域为西北内陆灌溉农业区和黄土高原地区。

12. 甘农4号

甘农4号丰产，干草产量1000公斤/亩。适宜种植区域为西北内陆灌溉农业区和黄土高原地区。

13. 中苜1号

中苜1号耐盐碱，株形直立，株高80～100厘米，主根明显，侧根较多，根系发达，叶色深绿，花呈紫色或浅紫色。总状花序，荚果螺旋形 2～3 圈。分枝多，叶色亮绿，叶片较大。具有抗盐、耐旱、耐瘠薄和生长迅速、早熟等特点。适应种植区域为：不仅适应于黄淮海平原一带，以氯化钠为主的大面积盐碱地及中低产田种植；而且在西部地区内陆盐碱地及中低产田种植表现也非常好。

14. 中苜 2 号

中苜 2 号耐湿重和高地下水位，干草产量 933～1067 公斤/亩。适宜种植区域为黄淮海平原非盐碱地区。

15. 中苜 3 号

中苜 3 号耐盐碱，在含盐量为 0.18%～0.39% 的盐碱地上，比中苜 1 号增产 10% 以上。干草产量 1000 公斤/亩。适宜种植区域为黄淮海平原、环渤海湾附近和西北地区的轻、中度盐碱地区。

16. 龙牧 801

龙牧 801 抗寒，冬季少雪－35℃和冬季有雪－45℃以下安全越冬。耐盐碱，土壤 pH 值为 8.4 的盐碱地生长良好。干草产量 467～600 公斤/亩。适宜种植区域为小兴安岭寒冷湿润区和松嫩平原温和半干旱区。

17. 龙牧 803

龙牧 803 抗寒，冬季少雪－35℃和冬季有雪－45℃以下安全越冬。适宜种植区域为小兴安岭寒冷湿润区、松嫩平原温和半干旱区和牡丹江半山间温凉湿润区。

18. 龙牧 806

龙牧 806 抗寒，在黑龙江省北部寒冷区和西部半干旱区－45℃以下越冬率可达 92%～100%。较耐盐碱，在 pH 值为 8.2 的碱性土壤上生长良好。适宜种植区域为东北寒冷气候区、半干旱区及盐碱土区，也可在西北和华北北部种植。

（二）国外品种

1. WL323

WL323 丰产，高抗多种病虫害，对疫霉病和根腐病抗性尤

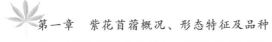

高。干草产量为 1200～1333 公斤/亩。适宜种植区域为华北中、南部和西北相对温暖区。

2. 爱费尼特（Affinity）

爱费尼特丰产，叶量大，抗多种病害，抗线虫。适宜种植区域为华北中、南部和西北相对温暖区。

3. CW200

CW200 直立型，茎秆中等偏细，多叶性高达 88％。在大田中，整体均匀性好，高抗性决定它能够持续多年生长，春季返青中等，第一次收割成熟期中等（10％的花期），CW200 是高产品种，在各种土壤中的表现都很好。适合在年收割 2～3 茬的地区种植。

4. CW400

CW400 型苜蓿为直立高秆品种，叶茎比高，在大田生产中，该品种叶片以三叶为主，但叶冠浓密。由于它的抗性综合指标高，适合于多种不同的气候、土壤条件。它的第一次成熟期中等、收割后再生快。它的高产性表现在收割次数多时（收割间隔短），产量仍然很高。它对病虫害抗性综合指数高。尤其适应于较干旱地区的种植。收割后再生长快，适合在年收割 3～5 茬的地区种植。

5. "巨人 201＋Z"

"巨人 201＋Z"是美国新培育的在严寒地区表现非常出色的紫花苜蓿品种。它的粗壮根茎储藏有大量的碳水化合物，使其越冬和再生能力非常强，同时也增强了它对包括黑茎霉在内的各种茎腐病的抗性。＋Z 技术（育种技术）的采用提高了种苗抗性，种苗活力强，更容易种植（图 1-6）。

"巨人 201＋Z"茎秆细、叶量大，具有极高的遗传产量优势，干草产量可达 1500～1900 公斤/亩。它在艾奥瓦州和威斯康星州的多次产量、品质和越冬能力试验中排名总是第一。"巨人 201＋Z"还含有丰富的维生素、矿物质和大量的必需氨基酸，营养价值很高，为各种家畜，尤其奶牛、奶羊、猪、兔等所喜食。无论用于放牧还是半干青贮、调制干草都是理想的品种，适宜种植地域为我国华北、东北、西北等寒冷地区。

图 1-6 "巨人 201+Z"苜蓿

6. 驯鹿

驯鹿是加拿大紫花苜蓿新品种之一，花色为杂色，以紫色为主；喜冷、凉、半干旱气候，是抗寒性强、耐旱、越冬性能和抗倒春寒能力出色的品种。该品种拥有以下几点特性：抗寒性强，秋眠级 1 级；越冬性能和抗倒春寒能力出色；根系发达，根瘤多，能够更有效地改良土壤结构、增加土壤肥力；分枝多，覆盖能力强，能有效控制地表蒸发；适应性强，能在降水量250 毫米、无霜期 100 天以上的地区正常生长；能耐冬季低于－40℃的严寒，有雪覆盖时在－60℃的低温下可安全越冬；再生快、产量高，在良好的生产管理条件下，干草产量可达 1500～2300 公斤/亩；抗病虫性能强，对多种常见病虫害高抗，如雪腐病、根腐病、枯萎病等；叶量丰富，草质柔嫩，粗蛋白质、维生素和矿物质的含量高。适宜种植区域为我国东北、西北等地的大部分地区，尤其是纬度高、较寒冷的地区或倒春寒严重的地区。

7. 阿迪娜

阿迪娜是美国的高产、高品质和持久性好的多叶苜蓿新品种，育种地为美国，种子生产地在加拿大。阿迪娜适合在苜蓿秋眠级 3～5 的地区种植，并表现出很好的耐盐碱特性。花的颜色

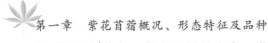

近乎100%紫色，带有斑驳的白色、黄色。分枝多、茎秆细，叶片3～5叶，枝叶繁茂。阿迪娜具高抗性能，能够抵抗的病害有炭疽病、细菌性枯萎病、枯萎病、黄萎病、疫霉根腐病、根腐病、根节线虫。阿迪娜较耐机械碾压，再生能力好，年可刈割3～5次，干草产量约为1000公斤/亩。

8. 皇冠

皇冠是美国育成的高产、优质高抗性的紫花苜蓿新品种，集多叶性好、生长期长、再生快等优势于一身，秋眠级数为4.1。在具有高产特性的同时，该品种的抗寒性极强，比其他同级品种的苜蓿适应性更强，种植范围更广，我国的西北、华北、东北大部分地区及淮河以北的区域均可广泛种植，是苜蓿品种中的全能冠军。"皇冠"的叶量丰富，植株上85%的叶片由5～7片小叶组成。多叶性使叶茎比其他品种比较提高了25%，而且营养丰富，蛋白质、维生素和矿物质含量高。"皇冠"的再生性强，在北京地区，初花期刈割后每隔22～28天可以刈割一次，每年可刈割4～6茬。在良好的管理水平下，该品种干草产量可达1200～1600公斤/亩。

9. 大银河

大银河是法国紫花苜蓿新品种之一，是一种具有优质高产、富含蛋白质及强效防病虫害特点的优良苜蓿品种。秋眠级数为4.4，年刈割3～5次，种植时间可以持续4年，茎秆纤细且枝叶茂密，非常适合生产高品质甘草或做半干青贮，产量高且稳定，每亩可收获干草900～1000公斤。消化率高，可使牲畜多产奶，增肉。

二、品种选择

蒙宁地区应选择高产、优质、抗寒、抗旱、抗病性和抗虫性好、抗倒伏的，播种秋眠级为2～4的紫花苜蓿品种，外引品种至少要在当地经过3年以上的适应性试验才可大面积种植，种子质量应达到国家二级以上标准。不同地区品种选择可参考表1-1。

表 1－1　　　　蒙宁地区不同区域苜蓿种植品种选择参考表

区　　域		栽培条件	秋眠级	推 荐 品 种
宁夏	中部干旱带	水地	3～4	甘农 4 号、甘农 3 号、阿迪娜、大银河、皇冠、中苜 3 号
内蒙古	西部	水地	3～4	草原 2 号、甘农 2 号和龙牧 806；国外品种有"巨人 201＋Z"和驯鹿

第二章
紫花苜蓿灌溉水源工程

第一节　地表水灌溉水源工程

蒙宁地区的宁夏中部干旱带区域采用地表水作为灌溉水源。

一、工程总体布置

采用从渠道引水、中小型调蓄水池蓄水、首部枢纽净化处理和输水管网配水的工程总体布置。根据作物种植要求及管理水平，采用过滤加压集中处理的方式。调蓄沉沙池利用天然洼地布置，无有利地形条件时采用半挖半填方式布置。

二、调蓄沉沙池设计

调蓄沉沙池分为两类：一类是专门为喷灌、滴灌工程供水的水池；另一类是为喷灌、滴灌、人饮等集成供水的水池。沉沙池设计符合《水利水电工程沉沙池设计规范》（SL 269—2001）的相关规定。

1. 调蓄沉沙池总容积与淤积年限

调蓄沉沙池总容积为调节容积、淤积容积与淤积年限、蒸发量、渗漏量和超高产生的容积之和，受滴灌工程面积、作物种类、水源特点、调度方式影响。

（1）调节容积。在供、用水量分析基础上确定调蓄水池的调节容积。按照水池非连续补水工况设计，调节容积需满足项目区作物一次灌溉的用水量。

（2）淤积容积与淤积年限。淤积容积占调蓄沉沙池总容积的 5%～10%。调蓄沉沙池容积小于 1 万 m³，淤积年限取 1 年；沿沙池容积为 1 万~5 万 m^3，淤积年限取 2 年；容积为 5 万~10 万 m^3，淤积年限取 3 年；容积为 10 万~20 万 m^3，淤积年限取 5 年；容积为 20 万~50 万 m^3，淤积年限取 10 年；容积大于 50 万 m^3，淤积年限取 15 年。

（3）蒸发量。调蓄沉沙池水面蒸发量按其月平均水面面积与当月平均蒸发强度（mm/d）计算确定。蒸发量占蓄水容积取 6%~8%。

（4）渗漏量。调蓄沉沙池渗漏损失主要包括池堤挡水体和池底基面渗漏。渗漏量占蓄水容积取 5%~10%。

（5）超高。调蓄沉沙池超高须经计算确定。调蓄沉沙池容积小于 10 万 m^3 时取 0.8m；容积为 10 万~20 万 m^3 时取 1.0m；容积为 20 万~50 万 m^3 时取 1.2m；容积不小于 50 万 m^3 时取 1.5m。

2. 调蓄沉沙池布置形式

（1）调蓄规模不小于 5 万 m^3 的水池，采用调蓄与沉沙相结合的布置形式；调蓄规模小于 5 万 m^3 的水池，采用调蓄与沉沙分开的布置形式。

（2）调蓄沉沙池的平面多采用长方形。当调蓄规模小于 10 万 m^3 时，水池长度不小于 100m；当调蓄规模不小于 10 万 m^3 时，水池长度不小于 200m。池内水深根据地形、地质条件和地基处理要求比选确定，一段取 4~9m。

（3）调蓄沉沙池的内边坡系数，应当结合工程地质和水文地质条件，进行边坡稳定计算确定。通过总结已有工程经验，当内边坡结构为卵膜结构时，内边坡系数一般取 1：4~1：6；当内边坡结构为板膜结构时，内边坡系数一般选取 1：2.5~1：3。

3. 调蓄沉沙池防渗结构

（1）池底防渗结构。

1）土料结构和复合土工膜形式。在渠道底部铺设 60~80cm 厚土料，土料上层铺设规格为 200g/0.5mm/200g 复合土工膜，土料可以为全土料，也可采用土与卵砾石（粒径小于 6cm）结合。

2）预制混凝土板或现浇混凝土板和复合土工膜形式。预制

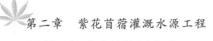

混凝土板形式是将厚度为 6～8cm 预制混凝土板铺设于渠底。现浇混凝土板和复合土工膜形式是将幅宽为 6～8m 的 200g/0.5mm/200g 复合土工膜铺设于渠底，复合土工膜上铺 3～5cm 厚水泥砂浆，之后现浇 12～16cm 厚的混凝土板。

（2）内坡面防渗结构。

1）预制混凝土板（或现浇混凝土板）、砂砾石和复合土工膜。具体为 6～8cm 预制混凝土板或 12cm 厚现浇混凝土板、3～5cm 厚水泥砂浆、20～30cm 厚粒径小于 4cm 砂砾石和 200g/0.5mm/200g 复合土工膜。

2）卵砾石和复合土工膜。具体为 30～40cm 厚卵砾石（粒径 2～10cm）和 200g/0.5mm/200g 复合土工膜。

3）容积小于 5 万 m^3 蓄水池或短期应用的蓄水池，可采用直接铺膜的防渗形式，膜厚不小于 1mm。幅宽为 6～8m，膜下要求为压实、平整、无尖锐物的实土。

4．其他

（1）抗冻、防冻措施。对有特殊要求的调蓄沉沙池，增加以下抗冻、防冻措施：放缓水池内边坡；铺设 4～7cm 聚苯乙烯泡沫板；池内坡基土换填 120cm 厚非冻土层；提高坡面混凝土板抗冻标号，板缝宽 5cm。

（2）管护路面。管护路面宽为 3～4m，铺设 12cm 厚的砂粒石。

（3）防护栏。采用高速公路简易防护网。

第二节　地下水灌溉水源工程

由于地下水的埋藏条件、补给条件、开采条件和当地的经济技术条件不同，用以取集地下水的工程类型也多种多样，常用的有下列几种。

（1）垂直系统。由于该种系统建筑物的延伸方向，基本与地表面相垂直，故称之为垂直系统，如管井、大口井等。因其适应条件最为广泛，所以在生产中采用最多，也是本节阐述的重点之一。

（2）水平系统。由于该种系统建筑物的延伸方向，基本与地表面相平行，故称之为水平系统。常见的有坎儿井、截潜流工程和横管井等。

（3）联合系统。如将垂直系统与水平系统结合在一起，或将同系统中几种（个）联合成一整体，便可称为联合系统，如复合井、井群、辐射井、虹吸井等。

（4）引泉工程。根据泉水出露的特点，予以扩充、收集、调蓄和保护等的引取泉水的建筑物，称为引泉工程。它多用于供水、医疗或其他各种用途。

以上各系统中除引泉工程必须要具有特殊的天然露头外，其他各系统均应根据当地具体条件合理选用。本节对管井、大口井、坎井、辐射井等地下水取水工程作详细阐述。

一、管井

通常将直径较小、深度较大和井壁采用各种管子加固的井型，统称为管井。因为这种井型必须采用各种专用机械施工和机泵抽水，为了和人工掏挖的浅井相区别，故习惯称其为机井。又将用于农业灌排和供水的机井，称为农用机井。

（一）管井的结构形式

管井的结构因水文地质条件、施工方法、配套水泵和用途等的不同，其结构形式也相异，大体可以分为井口、井身、进水部分和沉砂管四部分（图 2-1）。

（二）井管的类型

井管分为加固井壁的井壁管、专供拦砂进水的滤水管及沉淀管。

1. 井壁管

井管的类型是十分广泛的，对于供水管井，多采用各种钢管和铸铁管；对于大量的农业灌排管井，除少部分采用钢管和铸铁

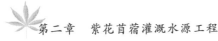

管外，绝大部分采用各种材料的非金属井管，如混凝土和钢筋、混凝土井管、石棉水泥井管等，个别也有采用塑料管和陶管。

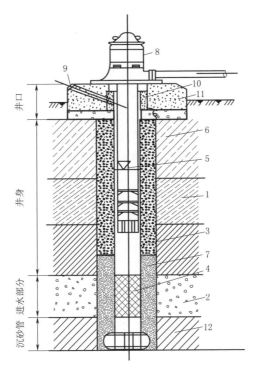

图 2-1　管井结构示意图

1—非含水层；2—含水层；3—井壁管；4—滤水管；5—泵管；6—封闭物；
7—滤料；8—水泵；9—水位观测孔；10—护管；11—泵座；12—不透水层

（1）钢管和铸铁管。其优点是机械强度高，尺寸比较标准，重量相对较轻（尤其是钢管），施工安装方便。其缺点是造价高，且易产生化学腐蚀和电化学腐蚀，因而其使用寿命较短（钢管更短）。如果地下水中含有大量的二氧化碳、过饱和氧等，或矿化度较高时，则会加速腐蚀，因而更缩短了其使用寿命。

（2）非金属井管。我国目前主要采用混凝土和石棉水泥井管。这种井管的优点是耐腐蚀，使用寿命长，容易制作，多可就地取材且造价低。其缺点是机械强度相对较低，限制了其使用深度，施工安装工艺较复杂。实践证明，混凝土井管可安全用于 200m 以内的管井；石棉水泥井管可安全用于 300m 以内的管井。

2. 滤水管

管井滤水管的结构类型有以下几种。

（1）不填砾类。这类滤水管主要适用于粗砂、砾石以上的粗颗粒松散含水层和基岩破碎带及含泥砂石灰岩溶洞等的含水层。常用的有穿孔式滤水管和缝式滤水管。

1）穿孔式滤水管。穿孔式滤水管是在井管上构成一定几何形状和一定规律分布的进水孔眼而成。又因其进水孔眼的几何形状不同，可分为圆孔式滤水管和条孔式滤水管，分别如图 2-2 和图 2-3 所示。

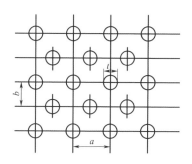

图 2-2　圆孔式滤水管
进水孔眼布置

图 2-3　条孔式滤水管
示意

2）缝式滤水管。条孔式滤水管虽比圆孔式有很多优点，但加工须有专门的设备或冲床，且冲压对滤水管的强度影响较大。对脆性非金属井管，尤其水泥类井管，要加工成规则而又均匀的条孔较为困难。鉴于这种原因，如利用易于加工的圆孔井管，在其外周再缠绕以各种金属和非金属线材，或用竹篾编织成竹笼，用以构成合适的进水缝（犹如条孔），一般将这种型式的滤水管称为缠丝缝式滤水管（图 2-4）。

3）网式滤水管。在粗砂以下颗粒粒度较细的含水层中，若直接使用穿孔式滤水管，便会在抽水时产生大量的涌砂。例如，在其外周垫条并包裹以各种材料，如铜丝、镀锌细铁丝和尼龙丝等所编织成网或天然棕网，即成所谓的网式滤水管（图2-5）。

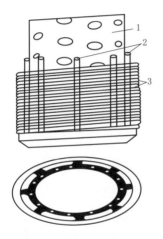

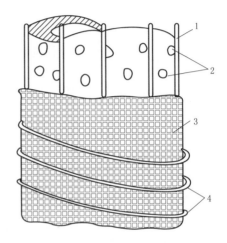

图2-4 缠丝缝式滤水管

1—骨架管；2—纵向垫条；

3—缠丝

图2-5 网式滤水管

1—垫条；2—进水孔眼；

3—滤水网；4—缠丝

（2）填砾类。这类滤水管分为砂砾滤水管和多孔混凝土滤水管。

1）砂砾滤水管将滤料均匀围填于上述各种滤水管与含水层相对应的井孔间隙内，构成一定厚度的砂砾石外罩，便称为砂砾滤水管。此时，滤料便成为构成滤水管的重要组成部分，对滤水效果起着决定性作用。配合使用的滤水管便退居第二位，只成为起支撑滤料作用的骨架（管）（图2-6）。骨架管是配合滤料工作的，因而其结构需要根据滤料的特征来决定。

a. 滤料的设计。滤料粒径 D_{50} 按下式确定，即

$$D_{50} = (8 \sim 10)d_{50} \tag{2-1}$$

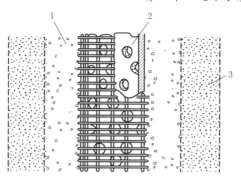

图 2-6 砂砾滤水管示意图

1—砂砾滤料；2—骨架管；3—含水层

含水层颗粒均匀系数 $h_2 < 3$ 时，倍比系数取小值；$h_2 > 3$ 时，倍比系数取大值。

b. 滤料的厚度。中、粗砂含水层，填砾厚度不小于 100mm；细砂以下含水层，填砾厚度不小于 150mm。

c. 填砾高度应根据过滤器的位置确定，底部宜低于过滤器下端 2m 以上，上部宜高出过滤器上端 8m 以上。

d. 滤料应选用磨圆度好的硅质砾石。

2) 多孔混凝土滤水管。在良好的天然砂砾石中，掺加一定剂量的胶结剂，经均匀搅拌，使在砂砾石表面匀裹一薄层胶结剂，再根据需要装模振动成形，在其颗粒之间构成"双凹黏结面"，但仍保持充分的孔隙率和良好的透水性，同时又具有一定的抗压强度。将这种材料称为多孔混凝土或无砂混凝土。用这种材料制作的滤水管，即称为多孔混凝土滤水管。由于水泥料源较广、造价便宜，故初期多采用水泥作为胶结剂。

选配制作多孔混凝土滤水管的骨料可参考表 2-1 中资料选配。配制原料和配方水泥采用普通硅酸盐水泥，标号不低于 425号，骨料宜用硅质砾石，具体可参考表 2-2。在技术要求上极限抗压强度不应低于 15MPa，渗透系数不小于 400m/d，孔隙率不小于 15%。

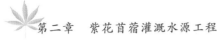

表 2-1　　　　　　配制多孔混凝土滤水管的骨料粒度

含水层的类别	骨料粒度/mm
细砂（包括粉砂）	3～8
中砂	5～10
粗砂（或带砾石）	8～12
黄土类含水层	5～10

表 2-2　配制多孔混凝土滤水管的水灰比、灰骨比和计算强度参考表

骨料粒度/mm	适用深度/m	灰骨比（质量比）	水灰比（质量比）	极限强度/MPa	计算强度/MPa 轴向	计算强度/MPa 侧向
1～5	<100	1:5	0.38	15	6	7.5
1～5	100～200	1:4	0.34	20	8	11
3～7	<100	1:5	0.35	15	6	7.5
3～7	100～200	1:4	0.30	20	8	11
5～10	<100	1:5	0.30	15	6	7.5
5～10	100～200	1:4	0.28	20	8	11

3. 沉淀管

（1）沉淀管（孔）长度，根据井深和含水层岩性确定。松散地层中的管井一般为 4～8m；基岩中的管井一般为 2～4m。

（2）井管外部封闭。

1）包括滤料顶部的封闭、不良含水层或非计划开采段的封闭和井口的封闭。封闭材料用含砂量不大于 5％的半干黏土球或黏土块；或用 1:1～1:2 的水泥砂浆或水泥浆。

2）滤料顶部至井口段，应先用黏土球或黏土块封闭5～10m，剩余部分可用一般黏土填实。

3）对不良含水层或非计划开采段的封闭，一般采用黏土球封闭。如水压较大或要求较高时，用水泥浆或水泥砂浆封闭。封闭时，选用的隔水层单层厚度应不小于 5m。封闭位置应超出拟封闭含水层上、下边界各 5m。

4）井口周围用黏土球或水泥浆封闭，深度一般不应小于3m。自流井应根据水头大小确定封闭深度，并应增设闸阀控制，同时在井口周围浇筑一层厚度不小于 25cm 的混凝土。

（三）井管的连接

由于制管设备和运输要求，一般井管多制成 1～4m（少数也有 6～7m 者）的短节管，这就需要在安装时将每一节短管严密牢固地连接在一起，并保证形成一根端直的整体管柱。金属井管和塑料与玻璃钢井管等，均比较易于连接且可靠。其连接方法已成常规，这里不再说明。但混凝土和石棉水泥井管，因其管端多制成平口，抗剪能力又弱，连接起来较困难。

二、大口井

大口井一般是指由人工或机械开挖的井深较浅、井径较大，用以开采浅层地下水的一种常用井型。大口井的井深一般为10～20m，井径一般为 3～5m，最大可达 10m。大口井具有出水量大、施工简单、就地取材、检修容易及使用年限较长等优点。但由于浅水水位变化幅度较大，对一些井深较浅的大口井来说，常会因此而影响其单井出水量。另外，由于大口井的井径较大，因而造井所用的材料和劳力也较多。一般大口井的适用条件如下。

（1）地下水补给丰富，含水层渗透性良好，地下水埋藏浅的山前洪积扇、河漫滩及一级阶地、干枯河床和古河道地段。

（2）基岩裂隙区，地下水埋藏浅，且补给丰富的地段。

（3）浅层地下水中铁、锰和侵蚀性二氧化碳的含量较高的区域。

（一）大口井的结构类型

大口井的结构是由井头、井身（井筒）和进水部分等组成，如图 2-7 所示。大口井可根据造井材料的不同分为土井、石井、砖井、木井、竹井、混凝土井及钢筋混凝土井多种类型。但在目

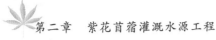
前农田灌溉中最常用的是砖石或加筋砖石以及混凝土或钢筋混凝土大口井。

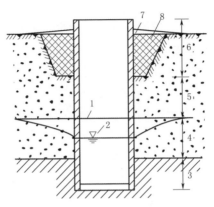

图 2-7　角钢连接示意图

1—井内静水位；2—井内动水位；3—集水坑；4—进水部分；

5—井身（井筒）；6—井头（井口）；7—斜面护坡；8—黏土截水墙

1. 底盘结构

大口井的底盘一般都是用钢筋混凝土在现场浇筑，高度为50～100cm，为了减少沉降时的阻力，底盘外径要比井筒外径大10～20cm，并在下部作成刀刃形。刀刃与水平面的夹角为45°～60°，如图 2-8 所示。在含有大量卵石的地层中为了防止刀刃破坏，应在刃脚处加一环形的角钢，如图 2-9 所示。

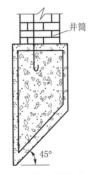

图 2-8　大口井结构示意图

图 2-9　底盘结构示意图

2. 井筒结构

大口井的井筒一般多为上、下同径的圆柱体，为了便于沉降，也可作成上小下大的圆锥体。井筒壁厚常随造井材料的不同而异，砖石井筒厚度多为 24～50cm，混凝土或钢筋混凝土井筒厚度多为 24～40cm，一般水面以上部分的井筒厚度较水下部分为薄。

（1）大开槽法施工。其井筒直径一般不大于 4m。可按经验公式初步确定井筒壁厚。

1）砖石砌井筒壁厚，按下式确定，即

$$d = 0.1D_2 + C_3 \tag{2-2}$$

式中　d——井筒壁厚，m；

　　D_2——进水部分的井筒直径，m；

　　C_3——经验系数，砖砌为 0.1，石砌为 0.18。

2）混凝土井筒壁厚，按下式计算，即

$$d = 0.06D_2 + C_4 \tag{2-3}$$

式中　C_4——经验系数，为 0.08～0.10；

　　其他符号含义同式（2-2）。

（2）沉井法施工。在加重下沉的条件下，井筒壁厚可按经验数值选用。

1）钢筋混凝土井筒，井径不大于 4m 时，其壁厚一般上部为 25cm，下部为 35～40cm；井径大于 4m 时，上部壁厚为 25～30cm，下部壁厚为 40～50cm。多孔钢筋混凝土井筒，井深不得超过 14m，其壁厚可取钢筋混凝土井筒的最大值。

2）砖石加钢筋砌筑的大口井，井深一般不超过 14m，井径一般不大于 6m。其井筒壁厚，一般上部壁厚为 24～37cm，下部壁厚为 49cm。

3. 滤水结构

（1）井底进水的滤水结构。井底滤水结构也称反滤层，是防止井底涌砂的安全措施，一般可设 3～4 层，每层厚度一般为 20～30cm，总厚度为 0.7～1.0m。当含水层为粉细砂时可设

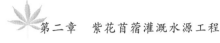

4～5层，总厚度可达 1.0～1.2m；当含水层为粗砂砾石时，可只设两层，总厚度不超过 0.6m。

大口井的进水结构设在动水位以下，其进水方式有井底进水、井壁进水和井底井壁同时进水。进水结构可根据设计出水量和水文地质条件确定。

（2）井底进水结构设计。井底反滤层，除卵石层不设以外，一般均设 2～5 层。每层厚 200～300mm。总厚度为 0.7～1.2m。靠刃脚处加厚 20%～30%。与含水层相邻的第一层的滤料粒径，按下式计算，即

$$D_1 = (7\sim8)d_b \qquad (2-4)$$

式中　D_1——与含水层相邻的第一层的反滤层滤料的粒径，mm；

d_b——含水层的标准颗粒直径，mm。按表 2-3 选用。

其他相邻反滤层的粒径，可按上层为下层滤料粒径的 3～5 倍选定。设计渗透流速的校核应满足下式要求，即

$$v_a \leqslant v_2 \qquad (2-5)$$

式中　v_a——上层滤料的设计渗透流速，m/s；

v_2——上层滤料的允许渗透流速，m/s。

表 2-3　　　　　含水层标准粒径 d_b 值表

含水层岩性	d_b 值/mm
细砂或粉砂	d_{40}
中砂	d_{30}
粗砂	d_{20}
砾石、卵石	$d_{10\sim15}$

允许渗透流速 v_2 可按下列经验公式计算，即

$$v_2 = a_1 K_D \qquad (2-6)$$

式中　a_1——安全系数，一般取 0.5～0.7；

K_D——上层滤料的渗透系数，无试验资料时，可参考表2-4选取。

表 2-4  **各种粒径上层滤料的渗透系数参考值**

滤料粒径/mm	0.5～1	1～2	2～3	3～5	5～7	7～10
渗透系数 K_D/(m/s)	0.002	0.008	0.02	0.03	0.039	0.062

（3）井壁进水结构设计。井壁的进水孔应设在动水位以下，并应交错布置。砖石砌的进水井筒，可按每高 1～2m 加高 0.1～0.2m 的钢筋混凝土或混凝土圈梁。

1）进水孔的形式。对直径较小，大开槽施工的砖石砌井筒，如系干砌可利用砌缝进水，筒外填以适宜滤料。如系浆砌砖石井筒，则可插入进水短管。对钢筋混凝土井筒，应在预制或现浇时，按含水层的粒径大小，留出不同形状和规格的进水孔。

一般当含水层颗粒适中（粗砂或粗砂含砾石）且厚度较大时，可采用水平孔或斜孔；当含水层颗粒较细或厚度较薄时，必须采用斜孔；当含水层为卵砾石层时，可采用 $\phi 25～60mm$ 不填滤料的水平圆形或圆锥形（里大外小）进水孔。

2）设计滤水面积的校核。必须满足下式要求，即

$$F \geqslant \frac{Q_0}{v_3} \qquad (2-7)$$

式中 F——筒壁进水面积，m^2；

$\quad Q_0$——大口井设计出水量，m^3/h，如为井底井壁同时进水，则为井壁分摊水量；

$\quad v_3$——含水层的允许渗透流速，m/h。

对未填滤料的进水孔，其允许进水流速可按表 2-5 选用；对于填滤料者，则按下式估算，即

$$U_s v_2 \leqslant a_1 b_3 K_D \qquad (2-8)$$

式中 b_3——考虑进水方向与筒壁交角的系数。当交角为 $45°$ 时 $b_3 = 0.53$，当交角为 $50°$ 时 $b_3 = 0.38$，当交角为 $90°$ 时 $b_3 = 0.2$；

$\quad K_D$——进水孔出口滤料的渗透系数，m/h。

表 2-5　　　　　　　　　　允许进水流速表

含水层渗透系数 K/(m/d)	允许进水流速/(m/s)
>120	0.03
81～120	0.025
41～30	0.02
21～40	0.015
<20	0.01

3）进水孔内充填的滤料一般为两层，总厚度与井壁厚度相适应。其粒径的选择方法与井底反滤层相同。大开槽法施工的进水井筒，其外围充填的滤料，应满足以下要求：①滤料高度应高于进水井筒顶部 0.5m；②滤料厚度一般为 20～30cm；③滤料规格按管井的有关规定确定。

（二）大口井井径、井深的确定

井径一般按设计出水量、施工条件、施工方法和造价等因素，进行技术经济比较确定，通常为 2～8m。井深松散地层中的大口井，其井深应根据含水层厚度、岩性、地下水埋深、水位变幅和施工条件等因素确定，一般不超过 20m。基岩中的大口井，应尽量将井底设在富水带下部。大口井出水量可按稳定、非稳定流公式计算。

（三）大口井施工方法

根据大口井设计要求，参照表 2-6 合理选用施工方法。

表 2-6　　　　　　　　　　大口井施工方法

施工方法		施工机具	适应地层
大开槽法	人工开挖	起吊牵引运输机械、排水设备、混凝土搅拌、振捣机具	第四系松散层：含水层较薄、埋深浅
	爆破施工	爆破器材、运输机械、排水设备、护砌工具	基岩风化层
沉井法	排水施工	取土、运输和排水机具以及加压、防斜设备	第四系松散层：涌水量不大、流砂层较薄
	不排水施工	水冲排砂施工机械、冲抓锥和加压防斜设备	第四系松散层：涌水量较大、有厚流砂层

1. 大开槽法

大开槽法施工应尽量避免在雨季进行。施工场地要保证排水畅通；挖土边坡应根据土层的物理力学性质确定，弃土坡脚至挖方上口要有一定的距离；含水层部位的滤料围填应符合设计要求，回填土要有一定超高，冬季回填土中的冻土含量不得超过15%；爆破施工时，必须严格执行《土方和爆破工程施工及验收规范》（GB 50201—2012）。

2. 沉井法

（1）基槽应按稳定边坡开挖，易坍塌地层须挖成阶梯形。基槽底应挖至地下水位以上 0.5～1.0m，槽壁与井筒外壁的间距一般为 0.6～0.8m。

（2）浇筑刃脚应选择在坚实土层上；否则要进行夯实或铺砂夯实处理。混凝土刃脚强度达到设计强度的 70% 时，方可在刃脚上浇砌井筒。

（3）井壁厚度允许偏差：钢筋混凝土和混凝土为 ±15mm；砌石为 ±30mm。

（4）井筒下沉时应保持平稳，随时观测，当发现位移或倾斜时，必须及时纠正，并记录下沉过程。

（5）对钢筋混凝土和混凝土的施工要求，均参照《水工混凝土施工规范》（SDJ 207—1982）的有关规定执行。

（6）采取排水法人工施工时，沉井内的水位应随井筒下沉而下降，一般控制在开挖面以下 0.3m。井下挖土每次开挖深度以 0.3m 为宜。

（7）采取不排水法施工时，在布设取土机械时，应注意防止井口地面的沉陷。采用水力冲土机械时，应注意均衡对称，并将泥浆及时排出，同时回注清水，以保持水头压力。

3. 井壁进水孔和井底反滤层

（1）井壁进水孔和滤层，必须按设计要求进行布设。在施工中要防止堵塞。

（2）井底进水的大口井，其反滤层的层厚和滤料粒径均应按

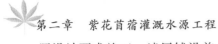

照设计要求施工。滤层铺设前，必须将泥浆及沉淀物清除。

4. 试验抽水

竣工后应进行试验抽水，一般只做一次大降深抽水，稳定延续时间不少于 8 小时。

5. 成井验收

（1）井位、井深、井径及出水量应符合规划、设计要求。水质应符合用水标准。刃脚沉落在规定的土层上。

（2）井底反滤层、井壁滤水结构等隐蔽部位应进行中间验收。

（3）施工单位应提交：成井结构图，地层柱状图，下沉、事故处理及隐蔽部位的验收记录，以及大口井配套和使用注意事项。

三、坎儿井

在我国农田水利工程中，开采利用地下水的水平集水工程种类较多，现仅对坎儿井作简单介绍。坎儿井是干旱地区开发利用山前冲洪积扇地下潜水，进行农田灌溉和人畜饮用的一种古老的水平集水工程。

1. 坎儿井的结构

坎儿井的供水系统一般是由竖井、廊道、明渠、涝坝（地面蓄水池塘）等四大部分组成，如图 2-10 所示。

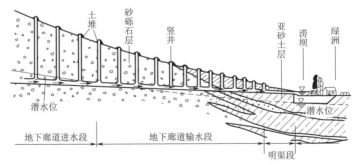

图 2-10　坎儿井结构示意图

（1）竖井。竖井就是由地面向下垂直开挖的井筒，也称立井或工作井。竖井的作用是在开挖坎儿井中可以用其定位、出土、通风。在坎儿井挖成之后，可用作进行检查、清淤、维修的出入通道。竖井布置一般是沿坎儿井方向成串排列，并可分为上游、中游和下游三段。竖井间距由下游到上游不断加大，一般下游为10～30m、中游为40～60m、上游为80～100m，竖井深度由下游到上游不断加深，一般下游为5～10m、中游为20～40m、上游为40～50m，个别最深者可达70～100m。

（2）廊道。廊道就是地下渠道，也称暗渠。其作用就是截流输水、通水行人。廊道可分为截流段和输水段两部分。截流段一般较短，为50～300m，最长者可达1000m；输水段一般较长，为3～5km，最长者可达10km。廊道规格：廊道截面顶端一般为拱形，身部为矩形，拱高为0.2～0.3m，身部一般宽为0.4～0.6m，高为1.4～1.6m，以便人员通过。廊道内的水深为0.3～0.4m，其水流坡度为1‰～5‰。廊道常用混凝土板或圆形及卵形混凝土管进行护砌，以防止渗漏和坍塌。

（3）明渠。明渠就是一般的地面输水渠道，其作用就是将廊道输出的地下水引入涝坝，一般当廊道深度小于3m时，为了减少掏挖困难，可直接挖成明渠。

（4）涝坝。涝坝就是明渠末端的地面蓄水池塘，可起调节水量、提高水温的作用，由于涝坝多系调节昼夜水量，故容积一般不大，面积约为1亩，水深约为1m，四周围以土堤，并设有放水调节闸门，以利灌溉农田，也可作为当地居民的生活供水水源。

2. 坎儿井的主要特点

（1）优点。可以自流灌溉，不用动力，且水量稳定，水质优良，在气温较高、风砂较大的地区，由于坎儿井水行地下，所以可避免高温、减少蒸发并能防止风沙，同时坎儿井的施工设备比较简单，操作技术易为群众所掌握。挖成的坎儿井一般使用期限也比较长。在灌溉方面，因一条坎儿井即是一个水源，故配水、

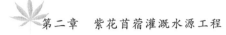

用水均较方便。

（2）缺点。首先是布置零乱、占地较多且为人力施工，施工进度非常缓慢；其次是未护砌的坎儿井在经过松散地层时渗漏损失非常严重，且经常发生坍塌，维修起来也非常费工。此外，如果在坎儿井上游未建设闸门、在下游又未建设蓄水库，则在冬闲季节的坎儿井便会发生浪费水量的现象，且常常造成下游灌区的盐渍化和沼泽化等灾害。

四、辐射井

1. 适用条件

（1）含水层埋藏浅、厚度薄、透水性强、有补给水源的砂砾石含水层。

（2）裂隙发育、厚度大（大于20m）的黄土含水层。

（3）富水性弱、厚度不大（10m以内）的砂层及黏土裂隙含水层。

2. 结构类型

辐射井是由垂直集水井和水平集水管（孔）联合构成的一种井型。因其水平集水管呈辐射状，故称为辐射井。其结构示意如图2-11所示。

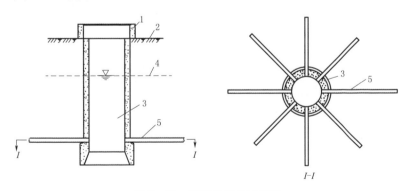

图2-11 辐射井结构示意图

1—护墙；2—地面；3—集水井；4—静水位；5—辐射管

（1）垂直集水井。这是与普通大口井形状相似的竖井，但集水井一般并不需要直接从含水层中进水，因此，它的井壁和井底一般都是密封的。集水井的主要用途是在施工中用作安装集水管的工作场所，在成井以后，则用其汇集辐射管的来水，同时也便于安装水泵。集水井可用加筋砖砌筑而成，或用混凝土、钢筋混凝土现场浇筑而成，也可采用预制井筒建造而成。

（2）水平集水管（也称辐射管）。这是用以引取地下水的主要设备。对一般松散含水层来说，目前多采用 $\phi50\sim150\text{mm}$ 的带有进水孔缝的钢管。但对于坚硬的裂隙岩层来说，只要将含水岩层钻成集水孔就可以了，不需要再安装任何管材。在黄土类含水层中，根据生产实践经验采用水冲钻法钻成长 100m 左右的集水孔后，只要在其出口处套入 10m 长的护口穿孔竹管，便能保证不塌孔，且能使辐射井施工方便，造价便宜，同时还能增大辐射井的出水量。因此，在黄土高原地区，辐射井得到了迅速的推广。

1）水平辐射管的长度，因受集水井直径不能过大的限制，通常都是制成 1～1.5m 长度的短管以便分别压入或穿入集水孔内。每条集水管的总长度应视含水层的致密性及富水性不同而定，致密性及富水性大者总长宜短；反之，则宜长。目前在砂卵石层内多为 10～20m，也有达数十米者，在黄土类含水层内多为 100～200m。

2）从立面布置上看，当含水层较薄且富水性较强时，一般应在集水井底以上 1～1.5m 处布设一层集水管。当含水层较厚且富水性较差时，则可布置 2～3 层，每层间隔以 3～5m 为宜。顶上一层集水管应保持在动水位以下，且最少应有 3m 水头。多层辐射管的辐射井布置如图 2－12 所示。

3）从水平布置上看，对平原地区可均匀对称布设 6～8 根，对地下水坡度较陡的地区，在下游的集水管可以减少甚至可以不予设置。对汇水洼地、河床弯道以及河流侧岸等地区，则应向补给水源的一面延长，并加密集水管，以便充分集取地下水。辐射井按补给条件和所处位置如图 2－13 所示。

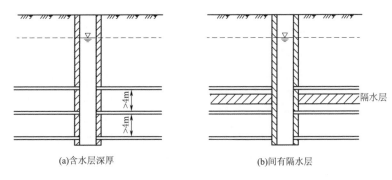

(a)含水层深厚   (b)间有隔水层

图 2-12　多层辐射管的辐射井示意图

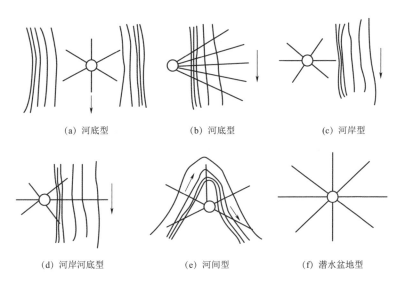

(a) 河底型　　　　　　(b) 河底型　　　　　　(c) 河岸型

(d) 河岸河底型　　　(e) 河间型　　　　　(f) 潜水盆地型

图 2-13　辐射井按补给条件和所处位置分类

3. 集水井设计

（1）集水井井径和井深的确定。

1）井径根据含水层岩性、施工机具、安装要求等因素确定，一般不小于 2m。

2）井深取决于水文地质条件和设计出水量。井底应比最低一排辐射孔位低 1～2m。黄土塬区，塬下河谷阶地应保持水下深度 10～15m；塬区应保持水下深度 15～20m。

（2）集水井的结构设计。

1）沉井施工法井筒的设计，可参照大口井设计的有关内容。

2）分节下管法的井筒结构，当井深小于 20m 时，可采用壁厚为 12cm 的水泥砂浆砌砖预制井筒，且内外壁均用水泥砂浆抹面；井深为 20～60m 时，砖砌预制井筒还需要用 $\phi 4.0$mm 的铁丝加固。也可采用预制的钢筋混凝土井筒。

3）漂浮下管法的井筒结构，当用 150 号混凝土预制井筒时，井深小于 20m 时，壁厚为 12～15cm；井深为 20～50m 时，壁厚为 15～20cm；井深为 50～80m 时，壁厚为 20～25cm，配筋可按构造筋配置，一般 40m 以内的井可以不配筋或按施工需要配筋。

（3）封底。集水井一般应封底，但在黄土和黏土裂隙含水层中也可不封底。

4. 辐射孔设计

（1）辐射孔的布置。

1）集取河流渗漏水时，集水井应设在岸边，辐射孔伸入河床底部。

2）集水井远离地下水补给源时，迎地下水流方向的辐射孔宜长且密。

3）在均质、透水性差、水力坡度小的地区，宜均匀水平对称布置。

4）含水层厚度大、透水性较强的地区，可设多层辐射孔。

（2）辐射管（孔）的结构。砂砾层辐射管（孔）的直径，根据施工方法、含水层岩性和设计出水量选定。锤击法，宜用 $\phi 50$mm×6mm 钢管；顶管法，宜用 $\phi 75～200$mm、壁厚 7～10mm 的钢管；套管水冲钻进法，宜用 $\phi 89～108$mm、壁厚 4～6mm 的钢管。辐射管（孔）一般布设 8～10 条，管（孔）长 10～20m。辐射管皆应按管井的滤水结构设计。

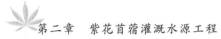

黄土含水层中辐射孔一般布设 6～8 条，多为一层，孔长 80～120m，孔径 120～150mm。当含水层厚度大于 20m 且补给水源丰富或有相对隔水夹层时，也可布设两层。黏土裂隙含水层中辐射孔可布设 3～4 条，孔径 110～130mm，孔长 25～35m。如含水层为砂黏互层时，一般布设 3～4 条，孔径 100～150mm，孔长 40～50m。黄土及黏土含水层中的辐射孔，可不安装辐射管，但应安装护口管，长度不应小于 5m。

（3）辐射管（孔）允许最大进管流速按下列经验值选取：砂砾含水层为 3cm/s；细砂层为 1cm/s。黄土孔防冲流速为 0.7～0.8m/s；黏土层防冲流速为 0.7m/s。

5. 辐射井出水量的计算

辐射井出水量的确定仍应以抽水试验资料为准，但在规划初期也可按下述等效大井法进行估算。此法是将辐射井化引为一虚拟大口井，其出水量与之相等。因而潜水完整辐射井的出水量可近似按下式计算，即

$$Q = \frac{1.36 K S_0 (2H - S_0)}{\lg \dfrac{R}{r_f}} \qquad (2-9)$$

式中　Q——潜水完整辐射井的出水量，m^3/h；

　　　K——含水层的渗透系数，m/d；

　　　S_0——井壁外侧的水位降落值，m；

　　　R——影响半径，m；

　　　H——含水层厚度，m；

　　　r_f——虚拟等效大井的半径，也称等效井的半径，m，可用下列经验公式确定，即

$$r_{f1} = 0.25^{\frac{1}{n}} L \qquad (2-10)$$

$$r_{f2} = \frac{2 \sum L}{3n} \qquad (2-11)$$

式中　r_{f1}——等长辐射管情况的等效半径，m；

　　　r_{f2}——不等长辐射管情况的等效半径，m；

L——等长辐射管的长度，m；

$\sum L$——不等长辐射管的总长度，m；

n——辐射管的根数。

关于辐射井的影响半径 R，也可近似按下列经验公式计算，即

$$R=10S_0\sqrt{K}+L \qquad (2-12)$$

式中各符号意义同前。

如果当地有大口井的抽水试验资料，则辐射井的影响半径可近似为

$$R=R_0+L \qquad (2-13)$$

式中 R_0——大口井的影响半径，m。

第三章
紫花苜蓿灌溉过滤设备选型及其运行管理

第一节　水　源　水　质　处　理

喷灌和滴灌水源水质处理方式为：调蓄沉沙池初级沉淀＋过滤设备深度处理。水质处理过滤设备主要有砂石过滤器、离心式过滤器、网式过滤器、叠片式过滤器。

（1）砂石过滤器，适用于过滤较细颗粒的细沙和悬浮物，为黄河水、水库水一级过滤。

（2）离心式过滤器，适用于过滤粒径不小于 0.05mm 的砂粒，主要用于地下水的初级过滤。

（3）网式过滤器，适用于过滤泥沙。应用于砂石过滤器和离心式过滤器后的二级过滤，起辅助保护作用。

（4）叠片式过滤器，适用于有机物和无机物杂质的过滤，发挥主过滤作用，与其他形式过滤器组合应用。

第二节　过滤设备组合模式及系统组成

一、过滤设备选型组合原则

（1）根据水源、水质状况、灌水器抗堵塞能力及资金条件确定。

（2）适应项目区作物种类、灌水量及施肥等要求。

（3）项目区灌溉管理水平、管理人员业务技能与管理经费保障程度。

二、地表水水源过滤系统

地表水包括黄河水和水库水，地表水水源都需经调蓄沉沙池初步沉沙然后进入首部枢纽，首部枢纽设置过滤设备称为一级过滤，在田间设置的过滤设备称为二级过滤。喷灌工程一级过滤宜采用砂石过滤器＋网式过滤器组合过滤，可不布置田间二级过滤设备；滴灌工程一级过滤宜采用砂石过滤器＋叠片式过滤器组合过滤，田间二级过滤选用叠片式过滤器或网式过滤器。

三、地下水水源过滤系统

地下水水源采用一级首部过滤，喷灌工程一级首部过滤宜采用离心式过滤器，滴灌工程一级首部过滤宜采用离心式过滤器＋叠片式过滤器组合过滤。

第三节　灌溉及过滤系统运行管理

一、一般要求

（1）应按设计条件及产品说明书规定运行，应结合工程设计人员及设备厂家提供的操作规程制定各类设备及电器的操作手册、工作制度并张贴于泵房显著位置。

（2）灌水前，应检查水泵、压力表、闸阀、进出水管道连接等是否正常；变频设备及电路，检查变频器进出风口是否畅通、开启后是否有异常振动及电磁噪声，变频器运行参数是否正常，有无报警；检查首部工程整个电路、线缆接点是否存在漏电风险。

（3）使用人员应认真做好运行记录，内容包括设备运行时间、系统工作压力和流量、能源消耗、故障排除、值班人员及其他情况。

（4）当气温低于 4℃、风力大于 3 级时，通常不宜进行灌水

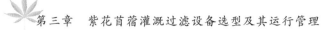

作业；喷灌机通常应正向和反向交替运行；应及时根据灌水需求调整百分率计时器数值，使喷灌机按适宜速度运行。

（5）通过喷灌机喷施或滴灌系统滴施化肥、农药后，应及时冲洗管道。

二、电气控制系统运行管理

接通隔离开关或自动空气开关给主控制箱供电，主控制箱面板设置程序如下：

（1）将电压、电流、温度和水压波动的报警限值设定到所需值。

（2）转动百分率计时器旋钮，设定到所需的百分率值。

（3）将运行方向转换开关转到"正向"或"反向"位置。

（4）将主供水泵控制开关 1K 和主水泵压力开关 2K 转向"开始"位置。

（5）将增压泵开关转向"停止"位置。

（6）行驶速度开关 3K 转向"减速"位置。

三、水泵运行管理

（1）潜水电泵严禁用电缆吊装入水。

（2）采用真空泵充水的水泵，真空管道上的闸阀处于"开启"位置；水泵吸水管进口和长轴深井泵、潜水电泵进水调节的淹没深和悬空高达到规定要求。

（3）水泵开启前应检查并确保电器接线正确，仪表显示正位；转子转动灵活，无摩擦声和其他杂声；电源电压正常；电动机外壳应接地良好，线缆绝缘良好。

（4）电动机应空载（或轻载）启动，待电流表示值开始回降时方可投入运行；如有电动机温度骤升或其他异常情况，应立即停机排除故障。

（5）自吸泵第一次启动前，泵体内应注入循环水，水位应保持在叶轮轴心线以上，若启动 3 分钟不出水，必须停机检查。长轴深井泵启动前，应注入适量的预润水，对用于静水位超过 50m 的长轴深井泵，应连续注入预润水，直至深井泵正常出水为止，相邻两次启动的时间间隔不得少于 5 分钟。离心泵应关阀启动，待转速达到额定值并稳定时，再缓慢开启闸阀，停机时应先缓慢关阀。

（6）水泵在运行中，各种仪表读数应在规定范围内，轴承部位温度宜为 20~40℃，最高不得超过 75℃。运行中如出现较大振动或异常现象，必须停机检查。

四、过滤设备运行管理

（1）开启水泵前应认真检查过滤器各部位是否正常。对于砂石过滤器，按照已有设备的砂石级配要求，将砂石回填入过滤器桶体内，砂量不足时应保质保量地进行购置、补充；对于叠片式过滤器，应将停灌时清洗干净并妥善放置的滤芯安装在过滤器外壳内并旋紧丝扣及螺母，如果是自动反冲洗过滤设备，应检查进出口管道压力表、三向阀及各类传感器及控制器工作是否正常；对网式过滤器应抽出网式过滤器网芯检查，看有无砂粒和破损；各个阀门处于关闭状态，确认无误后再启动水泵。

（2）缓慢开启泵与过滤器之间的控制阀，再开启过滤器后边的控制阀，使其与前一阀门处于同一开启程度，检查过滤系统两压力表之间的压差是否正常，确认无误后将流量控制在设计流量的 70%~80%，一切正常后方可按设计流量运行。

（3）过滤器在运行中，对其仪表进行认真检查，并对运行情况做好记录，发生意外事故时，应立即关泵检查，排除异常后再工作。

（4）离心式过滤器和网式过滤器与施肥装置组成的系统进出口压差超过 0.05MPa 时，进行反冲洗；离心式过滤器在系统工作结束时，缓慢打开储砂罐排污球阀，泥砂、污物顺排砂石口排出，排砂完毕后，关闭排污口进行冲洗。网式过滤器，关闭其中一个网式过滤器进水口蝶阀，打开其冲洗口球阀，污水从冲洗口

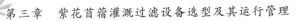

排出，待排出清水时，关闭冲洗口球阀，打开进水口蝶阀。依次对各组过滤器进行冲洗；多组网式过滤器可同时进行反冲洗，也可采用自动反冲洗设备。

（5）砂石过滤器和网式过滤器与施肥装置组成的系统，砂石过滤器进出口压差大于0.05MPa时应进行反冲洗。砂石过滤器冲洗方法：系统工作时，调整首部总阀开启度，获得适当反冲洗压力；可关闭一组过滤器进水中的一个蝶阀，同时打开相应排水蝶阀排污口，由另一只过滤器进行反冲洗，泥砂、污物顺排砂口排出，直到排出无混浊物的水为止。反冲洗的时间和次数依水源情况确定；反冲洗完毕后，先关闭排污口，缓慢打开蝶阀使砂床稳定压实。

（6）砂石过滤器和叠片式过滤器与施肥装置组成的系统，砂石过滤器进出口压差大于0.05MPa时应进行反冲洗，叠片式过滤器进出口压差大于0.04MPa时进行反冲洗，叠片式过滤器冲洗方法：关闭出水阀，打开进水阀，打开排污水阀，打开辅助反冲洗压缩空气阀门，确认进水压力不低于冲洗压力要求（反冲洗模式进水不低于0.08MPa），开始系统反冲洗，直至出水清澈为止，反冲洗2～3次；冲洗结束后缓慢开启出水阀。

（7）停灌后，先缓慢关闭过滤器后边的控制阀门，也可反复对过滤器进行反冲洗，对过滤介质需要更换或部分更换也可在此时进行。

五、喷灌机运行管理

1. 灌前检查

（1）轮辙上无凹陷、突起以及可能影响喷灌机行走安全的障碍物。

（2）动力传动装置、同步控制装置动作灵敏可靠，同步角设置正确。

（3）百分率计时装置和过水量保护装置按设计灌水定额调整到位。

（4）塔架控制盒手动开关闭合，各塔架车驱动电动机旋转方向一致。

（5）塔架车动力传动轴连接应牢固。

（6）轮胎气压符合要求。

（7）停车或自动返回控制装置按预定的灌溉计划调整到位。

（8）喷头喷水和雾化正常。

2. 启动

（1）接通电源，观察电压表、电流表读数是否正常。

（2）根据灌水量要求，将百分率时间继电器调节到所需位置。

（3）启动水泵，缓慢打开水泵出口阀门。为防止管道中发生水锤，并有利于排除管内的空气，水泵出口阀门刚开始只需稍稍开启，待输水管中充满水后，再将阀门徐徐打开，直到所有喷头工作正常。

（4）按照喷灌机正、反运行方向，选定方向转换开关。启动水泵，达到规定设计压力且所有喷头正常工作后，按下启动按钮1QA和正向运行接触器，整台喷灌机正向运行。同理，若使喷灌机反向运行时，启动水泵后，达到规定设计压力且所有喷头正常工作后，按下启动按钮1QA和反向运行接触器，整台喷灌机反向运行。

（5）喷灌机正常运行后，将1K和2K转向"运行"位置，此时电气控制系统的安全保护功能开始起作用。

3. 运行中检查

（1）检查电压表、电流表指示是否正常，检查供水泵运行是否正常，入机压力是否在设计规定范围内。

（2）检查行走驱动组件是否有异常声音，两级减速器是否有漏油、进水现象。

（3）检查各跨桁架是否有塌落、偏斜现象，车轮行走轨迹是否重合。

（4）检查喷头工作是否正常。

4. 定点停机

碰触到中心支座控制环上定位器的触头，使定点停机微动开关动作，切断安全控制线，喷灌机应在预定地点停机。

5. 停机后检查

（1）检查供水主阀门是否关闭。

（2）检查所有泄水阀是否能正常泄水。

6. 灌溉期结束后保养

（1）及时切断所有电动或电控设备电源。

（2）为防止灌溉系统设备及管道发生冻裂或破坏，灌溉期结束后，应及时排出首部供水系统（包括进水管道、水泵、各类阀门、水表、压力表、出水管道）、施肥机、过滤器尤其是砂石过滤器、田间管网（尤其是 PVC 材质的输水主管及支管）中的积水。

（3）对于滴灌工程，苜蓿种植区主要采用多年用滴灌管，支管埋设于根层以下也无需回收。但安装于田间的压力表、水表、排气阀、减压阀以及田间的施肥设备等易损、易丢的设备设施应及时回收，并妥善保存，以待下一个灌溉期使用。

（4）喷灌机长期停用，应对配套零件进行维护，并对易锈蚀部位进行防锈处理，清除行走部件上的泥土、杂草等，做好设备管护，防止偷盗，拆除主要部件和喷头，并做好设备记录。

（5）网式过滤器滤网易损坏，发现损坏应及时修复或更换；需经常清理网芯及其两端保护密封圈。

（6）离心式过滤器集砂罐设有排砂口，工作时检查集砂罐，定时排砂，避免罐中砂量太多，使离心式过滤器不能正常工作。滴灌系统不工作时，水泵停机，要清洗集砂罐。进入冬季，为防止设备冻裂，须打开所有阀门将存水排净。压力表等仪表装置卸下妥善保管。

（7）叠片式过滤器清洗。将过滤器拆开拿出叠片置于清水中彻底清洗，清洗后将叠片放回，盖上过滤器盖子用封闭阀封闭；每年灌期结束后，将滤芯取出妥善保管，防止滤芯破损，降低使用寿命和过滤效果。

（8）砂石过滤器视水质情况，每年对介质进行 1～6 次清洗。因有机物和藻类发生的堵塞，通过在水中按比例加入氯或酸浸泡过滤器，24 小时后反冲洗直到放出清水的方式进行清洗；然后采用人工清除过滤器中结块砂石和污物，必要时可取出全部砂石，彻底冲洗后再重新逐层填入滤罐内，并及时补充缺失的相应粒径的砂石。

六、灌溉管网运行管理

在灌水前需要对灌溉管网各处阀门进行检查，检查是否有缺失、破损、无法开或关等情况。对于地埋滴灌，田间管网运行管理还应注意以下事项。

（1）检查各级管道如主管与支管、支管与毛细管连接处的三通、弯头、直接、旁通等配件是否完好且连接正确；各级管道堵头是否完好且连接正确；毛细管连接处是否有破损或脱掉，冲洗管网时检查毛细管是否破损。

（2）如检查完毕，确认管网管道及配件完好，则在灌溉前应进行试水，检查管网是否存在跑、冒、滴、漏现象，如出现应尽快进行维修；确认管网无跑、冒、滴、漏现象后，应打开毛细管堵头，排除管中杂物。

（3）对管网进行彻底冲洗。冲洗时，首先打开一定数量的轮灌组阀门（一般少于灌溉时正常轮灌组的阀门），开启水泵，依次打开干管、支管末端排污阀，采用高压轮流冲洗每个轮灌组，将管道内的污物冲洗出去，然后关闭排污阀。

（4）灌溉期结束后，打开泄水阀，排除管道内余水。

第四章
紫花苜蓿水肥一体化施肥设备选型及运行管理

水肥一体化灌溉施肥系统是将灌溉与施肥融为一体的农业技术，是把作物生长发育的两个基本因素"水分"和"养分"相结合，建立灌溉和施肥的技术系统。通常在压力作用下，将可溶性肥料融入灌溉水中，使得水和肥同时输入灌溉管网，利用灌水器（滴头、喷头等）滴入作物根区附近或喷洒至叶面。

水肥一体化的特点是水肥同时供给，发挥二者的协同作用，将肥料直接施入根区附近，降低肥料与土壤的接触面积，减少土壤对肥料养分的固定，有利于根系对养分的吸收，为根系生长维持一个相对稳定的水肥环境，可根据气候、土壤特性、作物不同生长阶段的营养特点，灵活地调节供应养分的种类、比例及数量等，以满足作物高产优质的需要。

水肥一体化灌溉系统目前在我国还处于快速发展阶段，各种新技术、新设备层出不穷，根据不同的应用场合和种植需求，以及不同用户的消费层级，选择不同的水肥一体化设备尤为重要。

第一节　水肥一体化施肥设备分类

一、按设备肥料通道分类

1. 单通道水肥一体化设备

该种设备主要是针对作物需肥简单，用于单一肥料来源设计开发的小型自动或智能灌溉施肥机，它只有一个吸肥通道，特点是结构紧凑、便于拆卸、操作简便、价格低廉、故障率低，可满足单体温室或大田作物的应用，农户易掌握，易于大面积推广。

2. 多通道水肥一体化设备

该种设备针对作物在不同生育期需肥不同，能够及时调整肥料成分而开发的大中型灌溉施肥机。它有多个吸肥通道，可设定配比比例，启动程序系统即可自动配比。采用可溶性肥料，各组分配制溶解液储存在储液桶，通过管道连接对应吸肥通道，进入灌溉施肥机配肥，随水进入田间。这种设备需要专业技术人员操作，根据不同的控制策略可自动或智能运行。

二、按肥料和水源的配比方式分类

1. 简单机械注入式

该方式是指在灌溉时，采用人工、泵、压差式施肥罐或文丘里吸肥等装置将肥料倒入或注入直接灌溉田间的小水渠或管道中，随灌溉水使用肥料的一种方式。

2. 自动配肥式

该方式是指在灌溉施肥时，根据作物的灌溉施肥指标或阈值，设定肥料配比程序，通过文丘里或施肥泵，采用工业化控制程序，控制电磁阀、流量阀，实现肥料的自动配比，是目前常用的自动化配比方式。

3. 智能配肥式

该方式是根据作物生育期不同的施肥需水特征，耦合生产区环境因素构建智能决策模型，经过计算机运行计算，实现智能决策，控制水肥一体化设备完成灌溉施肥。近年来，采用养分原位监测技术采集到的作物土壤的养分、水分信息，对决策模型的参数进行适时修正已经成为重要的研究方向，也是将来水肥一体化系统智能化程度的重要评判依据和未来水肥一体化应用的重要方向。

第二节　水肥一体化施肥设备选型

一、压差式施肥罐

压差式施肥罐一般由肥料罐、进水管、供肥管、调压阀组成，如图4-1所示，是目前使用最为广泛的施肥设备之一。施肥罐的两根细管与主管道相连接，在主管道上两条细管之间设置一个截止阀（球阀或闸阀）以产生压力差，使一部分水流入肥料罐，进水管直达罐底，水溶解罐中肥料后，肥料溶液由另一根细管进入灌溉主管道（图4-2）。

(a) 首部使用　　　　　　　(b) 田间使用

图4-1　压差式施肥罐

压差式施肥罐加工制造简单，造价较低，不需外加动力设备。它的缺点是溶液浓度变化不可估计，此种施肥方式正逐步淡出水肥一体化系统。

推荐适用范围：大田粗放式施肥，最佳适配方式为有压管道式灌溉（管灌）和大口径喷灌。

目前压差式施肥罐大部分用在滴灌系统中，其存在的突出问题是，使用普通化肥时，溶解度差，不溶物多，肥料无法充分溶解，进入首部过滤系统后极易造成首部过滤系统堵塞，自动反冲洗过滤系统会将还没来得及溶解的肥料随排污管排出，造成很大的浪费和污染，手动过滤器往往会因滤网堵塞严重，手动清洗频繁而使用非常不便，更有甚者施肥过程中不安装滤网，给末端管网造成很大的风险。

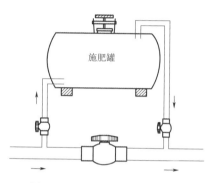

图4－2　压差式施肥工作原理

二、文丘里施肥器

文丘里施肥器与供水管控制阀门并联安装。使用时将控制阀门关小，造成控制阀门前后有一定的压差，使水流经过文丘里管，依靠水流通过文丘里管产生的真空吸力将肥料溶液从敞口的肥料桶中吸入管道系统注入灌溉管网。文丘里施肥器具有造价低廉、使用方便、施肥浓度较为稳定、无须外加动力等特点。它的缺点是压力损失较大，流量减小明显，控制面积较小。

文丘里管是文丘里施肥器的核心部件，性能优越的文丘里管一般由多个部件组合而成，它最显著的特征就是进水端内嵌"射流锥"。这样的分体式结构能够达到很好的水力性能，具有较高的吸肥效率，一般价格也相对较高，但其水力性能明显优于一体注塑成型的文丘里管。一体注塑成型的文丘里施肥器压力损失大，吸肥效率低，目前逐步在被淘汰。

文丘里施肥器使用指南见表4-1。

表 4-1　　　　　　　　　　文丘里施肥器使用指南

简介	文丘里施肥器与供水管控制阀门并联安装，使用时将控制阀门关小，造成控制阀门前后有一定的压差，使水流经过文丘里管，用水流通过文丘里管产生的真空吸力，将肥料溶液从敞口的肥料桶中吸入管道系统，进而在下游注入灌溉管网
适用范围	小型温室及田间地头小面积散户施肥
安装示意图	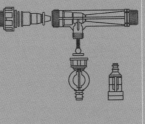 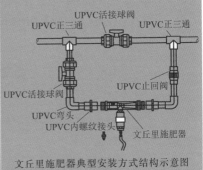 分体式文丘里管结构示意图（左）、配套用过流网（右）　　文丘里施肥器典型安装方式结构示意图
优缺点	优点：文丘里施肥器具有造价低廉，使用方便，无须外加动力等特点； 缺点：压力损失较大，压力差对吸肥流量影响较大，控制面积减小
推荐产品	 以色列阿科（ARKA）公司文丘里施肥器，采用分体式结构，拥有多种规格型号可选，具有很好的水力性能和很高的吸肥效率　　车削加工的分体式文丘里管，其结构与国外分体式文丘里管结构相似，PVC材质，具有很好的水力性能和很高的吸肥效率

三、水动比例混合泵

它是通过一个连接到水流动力的活塞机心杆与系统结合在一起的，这个装有止倒流的活塞机心杆在一个圆柱体内活动，将水压出去的同时，将装在底部容器里的液体添加剂通过管道均匀地吸入水流中（图4-3）。

精心计算设计的内部结构，可以保证在额定流量范围内配比精准，其安装使用方法与文丘里施肥器类似。较之文丘里施肥器，比例混合泵的能量损失较小，对下游水压和水量影响不大。适用于面积较小的场合。比例计算公式为

$$水肥比例=\frac{吸入肥液的体积}{进入施肥器水的体积}$$

要想达到比例精确的效果，就必须让所有的水都经过比例施肥器，所以在选型时要将流量范围作为一项重要的参考依据。

水动比例混合泵类施肥器集成使用指南见表4-2。

四、机械加压式施肥机

依靠外接动力将水溶性、液体肥肥料根据土壤养分含量、作物品种的需肥规律和特点，按配比注入灌溉系统。目前机械加压式施肥机种类繁多，应用也较为广泛，主要应用于设施农业和节水灌溉领域，是水肥一体化设备发展的重要方向。

机械注入式施肥机集成使用指南见表4-3。

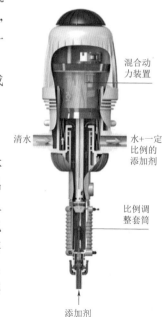

图4-3　水动比例混合泵
结构示意图

混合动力装置

清水

水+一定比例的添加剂

比例调整套筒

添加剂

表4-2　水动比例混合泵类施肥器集成使用指南

简介	以管道水压为动力，依靠内部活塞结构实现在额定流量范围内的水肥精确配比，通过改变吸肥腔容积来实现一定范围内水肥比例的调节，被广泛应用于小农业和畜牧业。
适用范围	温室及田间地头小面积散户施肥

安装示意图

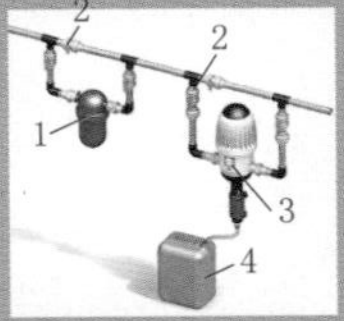

主管式安装示意图：
1—过滤器；
2—节流阀；
3—水动比例混合泵；
4—储肥桶

多组串联安装方式示意图

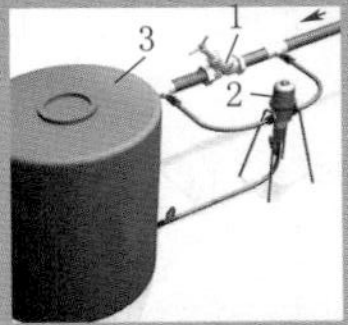

旁路式安装示意图：
1—节流阀；
2—水动比例混合泵；
3—肥料桶

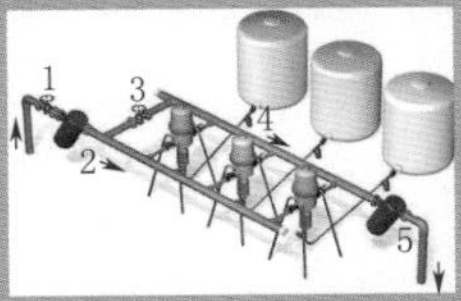

多组并联安装方式示意图
1—主阀门；
2—主管过滤器；
3—节流阀；
4—肥料药剂过滤器；
5—过滤器

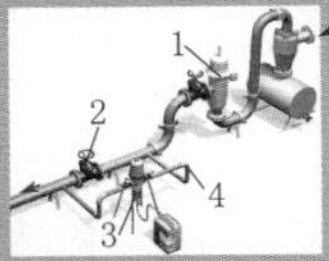

典型结合首部安装方式示意图
1—主阀门；
2—节流阀；
3—比例混合泵；
4—旁通管

续表

项目	内容
优缺点	优点：主管和比例混合泵管径相同，使用时可直接关闭调节流量，水流全部流经注肥系，实现水肥的精确配比；缺点：受限于比例混合泵的管径及结构，流量很小，使用场合非常有限
	优点：多组串联安装，可实现多种肥料的同时施用，可带来施肥量的增加，同样可以实现水肥的精确配比；缺点：水力损失随着串联数量成倍增加，能耗增大，效率降低
	优点：与主管并联安装，调节节流阀开度，使节流阀进出口产生压差来驱动比例混合施肥工作，与压差泵工作类似；缺点：主管节流阀流量会造成较大的水力损失，水肥比例无法精确整制
	优点：多组并联安装，可以实现多种肥料的同时施用，可带来流量和过流量小于串联式安装；缺点：采用主路式安装会得到过流量和吸肥量的提升，但由于压力分配及个体差异，总体水肥配比会出现一定偏差，采用旁路式安装，水肥比例仍不可控
	优点：属于旁路式安装，配套管部系统使用，调节流阀2开度，使节流阀进出口产生压差来驱动比例混合施肥工作，与压差泵工作类似；缺点：节流阀会造成较大的水力损失，水肥比例无法控制
推荐产品	法国多寿公司（DOSATRON）规格型号齐全、性能可靠、价格较高
	以色列美瑞公司 规格型号齐全、性能可靠、价格适中，农业领域应用较多
	国产系列 价格较低，但是可靠性、使用寿命等不及国外进口产品

表4-3　机械注入式施肥机集成使用指南

施肥机种类	旁路式自动配肥施肥机	在线式自动配肥施肥机	基础型大流量施肥机	大系统等量自动施肥机	便携式施肥机
简介	依靠外接动力对肥料进行混合配比并注入并注入灌溉系统，具有省肥、省工、高效、精准等特点，作为新型的施肥设备，正在受到市场的青睐				
适用范围	经济附加值较高的大田作物种植、有专门的施肥管理人员进行设备的操作和维护，必须采用水溶性肥料或液体肥，有溶液电导率和酸碱度检测设备，并能够得到专业的水肥一体化技术指导	适用于设施农业和小面积种植的高附加值经济作物，有专门的施肥管理人员进行设备的操作和维护，必须采用水溶性肥料或液体肥，有溶液电导率和酸碱度检测设备，能够得到专业水肥一体化技术指导	适用于大田规模化种植，无须专门的施肥管理人员进行设备的操作和维护，推荐采用水溶性肥料或液体肥，可以使用溶解度较好的普通化肥	适用于大田规模化种植，可实现分组灌施肥，无须专门的施肥管理人员进行设备的操作和维护，推荐采用水溶性肥料或液体肥，可以使用溶解度较好的普通化肥	应用于温室大棚和散户小面积灌溉场合，适用于水溶肥和液体肥

续表

优缺点	优点：施肥精度高，可以进行多种肥料的同时施用，旁路式安装，能够应用于丘里面积较大的灌溉式系统； 缺点：采用文丘里管进行吸肥，吸肥效率低，单通道吸肥通路流量小且采用水溶肥或可溶性差时肥料极易发生堵塞	优点：施肥精度高，可以进行多种肥料同时施用，集灌溉施肥于一体，可以进行单独灌溉和灌溉施肥，集成度高； 缺点：由于采用旁路式安装，设备流量较小，无法满足要求，只能应用于温室等小区域的灌溉系统，采用文丘里管通路进行吸肥，吸肥通道路径窄，须采用水溶肥，当采用水溶肥或可溶性差时肥料可溶性差时极易发生堵塞	优点：具有大注肥量，适用于大田系统，溶肥桶配备有机械搅拌料和肥料溶解及滤网反洗装置，不仅可以使用水溶肥和液体肥，还可以使用普通的溶解性好的普通化肥，适用范围广，适应性强； 缺点：采用总量控制原则，只能保证单位面积内的施肥总量，但无法保证施肥浓度，适合应用于有施肥浓度要求的场景	优点：具有大注肥量，适用于规模化种植的大田系统，施肥计量采用称重量控制，可以实现分组轮灌施肥，配套的溶肥桶和搅拌肥液机械反洗过滤网及滤网可以使用水溶肥和液体肥，还可以使用普通的溶解性好的普通化肥，适用范围广，适应性强； 缺点：能够精确的施肥总量，但单位面积内的施肥总量，但无法保证施肥浓度，不适合应用于高精度控制要求的施肥中施肥浓度，不适合应用于高精度控制要求的场合	优点：轻巧便携，随用随走，多种供电方式，注肥浓度可调，注肥量可调； 缺点：注肥量小，注肥浓度不能太高，受电池供电的情况下不能在电池供电的情况下长时间运行
安装示意图	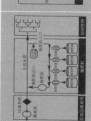		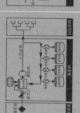	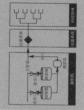	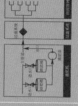

第三节　水肥一体化施肥设备运行管理

水肥一体化施肥设备按照施肥机和农药产品说明书也可以施加喷施或滴施用的农药。

一、一般要求

（1）灌水前应检查施肥机连接是否正常。

（2）应按产品说明书规定运行。

（3）施肥（药）注入装置应根据设计流量大小、肥料和化学药物的性质及其灌溉植物要求选择；施肥（药）装置的上游应设置防回流装置。

（4）清洗过滤器、施肥（药）装置的废水不得排入原水源中；下游应设置过滤器，并在过滤器进出口安装压力测量装置。

（5）在注肥（药）装置与水源之间一定要安装逆止阀，防止肥（药）液流进水源，更严禁直接把化肥和农药加进水源而造成环境污染。

（6）化肥或农药的注入一定要放在水源与过滤器之间，肥（药）液先经过过滤器之后再进入灌溉管道，使未溶解的化肥和其他杂质被清除掉，以免堵塞管道及灌水器。

（7）轮灌组变更前应有半小时的管网冲洗时间，避免肥料在管内沉积；每次施肥完毕后，应对施肥设备进行冲洗。

二、运行管理及操作要点

（1）准确计算出施肥量，准备各类型肥料，检查施肥设备。

（2）在灌水进行到全过程的 1/4 时开始喷施或滴施，施肥完毕，用清水冲洗管网及灌水器。

（3）施肥泵的进出水口与管线的进出水口一致，分别在施肥泵的进水口和出水口安装阀门，将施肥泵的吸液管放到施肥罐内，确保吸液管不贴在容器壁和容器底。

（4）取出施肥泵刻度筒上部的 U 形调节锁，调节施肥泵上的刻度达到预设值（吸入药液与进水口水量的比值），然后将 U 形调节锁锁上扣紧，开始施肥。

（5）在施肥罐内肥液全部施用完毕后注入清水，使施肥泵继续工作一段时间，使施肥泵内部得到充分的清洗，并清洁施肥泵外表面。

三、灌溉期结束后管理

（1）及时切断施肥设备电源。

（2）关闭水泵，开启与主管道相连的注肥口和驱动注肥系统的进水口，排去压力；用清水洗净施肥罐及注肥泵，按照相关说明打开注肥泵，取出注肥泵驱动活塞，用润滑油进行正常的润滑保养，然后擦拭干净各部件后重新组装好。

（3）擦拭施肥机或注肥泵表面，使之保持清洁。如有必要应将施肥机拆卸并妥善保存，待下一灌溉期再行安装。

第五章
紫花苜蓿建植管理技术

第一节　种植地块选择

苜蓿属于深根系作物，主根粗壮、发达，一般入土深可达2m以上，因此，选择种植地块时应当本着以下原则。

（1）选择土层深厚、疏松的壤质、沙壤质土壤，土壤 pH 值为7～8最好。不宜在黏重盐碱、过湿和地下水高、排水不良的土壤种植。

（2）适宜机械化作业，交通便利，地形平坦、宽阔不易积水的地块。

（3）苜蓿忌连作，前茬要求为禾谷类作物或其他非豆类作物。

（4）有灌溉条件的宜选择时针式喷灌机喷灌或地下滴灌（图5－1和图5－2）。

图5－1　地下滴灌地块与管线

图 5-2　时针式喷灌机喷灌

第二节　播前准备

一、土地准备

苜蓿属于高产、优质、高水肥需求的作物。要建设高产优质的苜蓿生产基地，必须按照苜蓿生产的基本要求选择和准备好播种的地块。首先，土地准备以深翻埋压地面杂草、残茬，平整地面为主；其次，要精细整地，要做到深耕（深度为 20～30cm）细耙，形成上松下实的播床，才能播种苜蓿；再次，对播种苜蓿的地块要播前镇压，播后也要镇压，镇压是确保苜蓿出苗、出全面和苗期生长的重要措施，必须认真、细致做好，特别是旱作区雨养条件下种植苜蓿更要种植镇压；最后，是施好基肥，具体过程是施肥深耕翻→耙碎土块→镇压→播种→镇压。

1. 深耕

选择最佳农时、最佳适耕期内完成翻耕。深耕深度为 20～30cm。耕翻质量要好，将残茬、杂草、肥料及表土翻到耕层下部并覆盖严密。不重耕，不漏耕，地头、地边、地角尽可能都耕到，少留墒沟、闭垄、沟垄（图 5-3）。

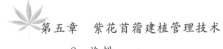
2. 旋耕

在耕翻过的土地上用旋耕机进行旋耕碎土, 旋耕深度一般为12～15cm。旋耕机后必须有刮板, 以便刮平地表和镇压 (图5-4)。

图5-3 机械深耕作业

图5-4 机械旋耕作业

3. 耙地与耱地 (耢地)

耕翻过的土地上若有大土块, 可再应用圆盘耙纵横交替耙地, 随后耱地。使翻耕的土壤压实平整, 为苜蓿播种创造良好的土壤环境条件。在干旱地区翻耕后及时耙耱地可减少蒸发, 达到蓄水保墒的功能 (图5-5)。

图 5 - 5　机械耙糖作业

4. 镇压

镇压可以压碎土块、压平土表，减少土壤中大孔隙，使表土变得紧实，起到保墒作用。播种前镇压，可以增加土壤毛管隙，使土壤下层水分上升到表层，供种子发芽和幼苗生长；播种后镇压，可使种子与土壤紧密接触，种子充分吸收水分，有利于发芽和生根（图 5 - 6）。根据实际情况，采取合适和充分的镇压手段，对苜蓿生长非常重要。

图 5 - 6　机械镇压作业

总之，苜蓿机械化耕整地应根据土壤墒情、耕翻质量和土块大小，确定以上工序的最佳组合，做到深耕浅旋（或耙糖），保

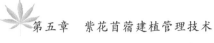

证土壤上松下实，以利出苗（图5-7）。整地后地面要平整、清洁（除草、灭茬），肥土混合均匀。若土壤墒情不好，应先浇一次透水再整地。结合翻耕，每亩施用熟化的有机肥3000公斤，过磷酸钙100公斤。钾肥种植当年不宜多施，可结合整地作底肥用，施肥量为15公斤/亩。对杂草多的土壤，首先用百草枯、草甘膦等茎叶处理剂消灭杂草，然后深翻耕，再结合平地作业喷洒氟乐灵来处理杂草，边喷洒边混土5cm深，7天后再播种。

图5-7 机械耙糖镇压联合作业

整地主要程序为：施底肥→深耕翻→旋耕（或耙糖）→镇压平地（播种机械能在播种时进行镇压的可省去该作业）。首先铺撒底肥，及时利用铧式犁进行深耕作业，犁地深度应均匀一致，耕后及时利用旋耕机（或耙糖）配带镇压辊进行镇压整地保墒，整地后土壤应细碎平整。

二、地下滴灌田间毛管选择与铺设

1.滴灌管（带）选择

滴灌管（带）的滴头有内镶式、压力补偿式、蓝色轨道式等，应根据土壤质地、种植作物、播种密度、种植行距、轮作倒茬等要求，选择适宜壁厚、直径、滴头间距、滴头流量等的规格。

一般选用滴灌管（带）内径 16mm，壁厚为 0.2mm，滴头流量为 1.0～2.0L/h，滴头间距为 30cm，额定工作压力不大于0.1MPa，滴灌管（带）一般使用年限为 4～6 年。砂性土推荐采用流量较小的滴灌管（带），壤土推荐采用流量较大的滴灌管（带）。滴灌管（带）在每年的生长季内应冲洗 1～2 次，以防堵塞。

2. 铺设方式

综合考虑地块大小、平坦程度，结合水压、滴灌管（带）性能等因素合理确定铺设长度。滴灌管（带）与支管相连，支管浅埋耕作层以下与主管相连，滴灌带尾端与排气支管相连，支管尾端安装排气阀。滴灌管（带）铺设长度为 60～80m，埋深为15～20cm，间距为 50～70cm，砂性土间距小、黏性土间距大。不同类型土壤滴灌管（带）埋深与间距见表 5 - 1。

表 5 - 1　　　　　　不同类型土壤滴灌管（带）适宜布局

土壤类型	滴灌带适宜埋深/cm	滴灌带间距/cm	滴头间距/cm	滴头流量/(L/h)
砂性土	10～20	50～60	30	1.0～1.5
壤土	15～20	60～70	30	1.6～2.0

3. 安装要求

（1）滴灌带铺设时要自然松弛，避免紧拉；接头处应连接牢固，必要时使用工具禁锢锁母，防止夜间低温造成滴灌带收缩而使配件脱落。

（2）滴灌带铺后，磨平镇压土地。对整个滴灌系统冲洗，首先打开一定数量的轮灌组阀门（一般少于灌溉时正常轮灌组的阀门），开启水泵，依次打开干管、支管和滴灌带的末端，采用高压水轮流冲洗每个轮灌组，将管道内的污物冲洗出去，然后再安装堵头或用三横折一竖折的方法打结，防止杂物进入滴灌带。

第三节 播 种

一、播种时间

对于宁夏中部干旱带播种分为春播和夏播，内蒙古中西部干旱半干旱区实行春播、秋播。

1. 春播

春季 4 月中旬至 5 月末，利用早春解冻时土壤中的返浆水分抢墒播种。水地春播利用早春解冻后的土壤水分，土壤墒情好，借助地墒出苗。采用"干播湿出"的地块，播后可通过灌溉催苗。旱地不宜春播苜蓿，若土壤墒情好，避风向阳的地块可以考虑。

2. 夏播

夏播一般在 6—7 月份进行，不得晚于 7 月 15 日。

3. 秋播

秋播在 8 月中旬以前进行，冬季气温较低的地区应在初霜 3 个月以前进行，以使冬前紫花苜蓿株高可达 5cm 以上或 3 个分枝以上，具备一定的抗寒能力，使幼苗安全越冬。

二、播种量

紫花苜蓿种植地域要求年平均气温在 5℃以上，10℃以上的年积温超过 1700℃。播种量一般为每亩 1.0～1.5kg，对包衣或接种根瘤菌种子增加 20% 播量。从未种过紫花苜蓿的田地应接种根瘤菌。按每千克种子拌 8～10g 根瘤菌剂拌种。经根瘤菌拌种的种子应避免阳光直射；避免与农药、化肥等接触；已接种的种子不能与生石灰接触。要求出苗后苜蓿亩苗数保持在 35 万～45 万株。

三、播种深度

一般播深为 2～3cm，播深了不宜出苗。具体情况根据以下原则确定：土壤墒情好时宜浅，墒情差时宜深；湿润土壤宜浅，干旱土壤稍深；黏土宜浅，沙质土可深；夏播宜浅，春播稍深。

四、播种方法

苜蓿的播种方法一般为条播，行距为 15～20cm，采用机械精量播种机进行播种。种子田可以穴行播种，穴距大于 40cm，行距大于 60cm。苜蓿机械条播作业如图 5-8 所示。

图 5-8 苜蓿机械条播作业

五、播种机选择

苜蓿种子籽粒小，对播种机的播种精度要求高。因此，播种机的选择以精量播种机为主，同时根据田块大小可选用不同播幅宽度的播种机型。在条件允许情况下，尽可能选择苜蓿专用播种机。

第六章
紫花苜蓿水肥一体化管理技术

第一节　土壤肥力情况确定及肥料施用原则

一、土壤取样及检测

在种植区选取典型样点取土样，检测全磷、全钾、全氮、速效磷、速效钾、速效氮及有机质含量等养分指标。

二、土壤肥力分级

依据《测土配方施肥技术》进行土壤肥力分级，并依据肥力标准确定地力水平和相应施肥方案。具体分级指标如下。

（1）农田土壤氮水平以土壤碱解氮含量高低来衡量，即小于70mg/kg、在 70～100mg/kg 之间、大于 100mg/kg 分别为低、中、高水平。

（2）土壤磷水平以土壤速效磷含量高低来衡量，即小于20mg/kg、在 20～35mg/kg 之间、大于 35mg/kg 分别为低、中、高水平。

（3）土壤钾水平以土壤速效钾含量高低来衡量，即小于120mg/kg、在 120～160mg/kg 之间、大于 160mg/kg 分别为低、中、高水平。

三、肥料及农药施用原则

肥料选择应当按照苜蓿生长发育需要和目标产量来准备。根据测土配方确定肥料的类型和数量。可选择采用成品的苜蓿不同生育期滴灌专用肥或者单质肥，按照要求在相应生育阶段结合灌溉施入田间；氮、磷、钾肥均采用水溶性的。农药准备要坚持绿色环保原则，选用生物农药，具体种类和数量要根据种植区苜蓿病虫害发生的种类和时间、危害程度有针对性地准备。

第二节　灌溉期间水肥管理

一、水肥管理原则

1. 灌水原则

（1）春、冬季开始时，灌溉要充分。

（2）根据苜蓿生育期需水规律、土壤墒情、降雨量等实际情况更改灌溉计划。

（3）表层 60cm 内的土壤在含水量降至田间持水量的一半时才能进行苜蓿收获。

（4）苜蓿收获后，要尽快灌溉，早期充足的水分供应对下茬的再生和产量至关重要。

（5）新建植的苜蓿地苗期灌溉量要少，频次要多，使土壤保持一定的墒情，以利于保苗。后期要逐渐减少灌溉频次，增加灌溉量，引导苜蓿根系向深扎。

（6）越冬水要平均气温下降到 0～5℃（11 月中旬前后），且要求灌大水。

2. 施肥原则

根据测土配方和目标产量确定施肥方案。

二、水肥管理制度

干旱风沙区主要包括内蒙古西部干旱风沙区和宁夏中部干旱带，以年产干草 1000kg/亩为目标产量，在一般年份（降水频率为 50%）及干旱年份（降水频率为 75%），内蒙古西部干旱风沙区和宁夏中部干旱带苜蓿喷灌和地下滴灌水肥管理方案见表 6-1 至表 6-4。

表6-1　内蒙古西部干旱区苜蓿喷灌水肥管理制度表

一般年份（降水频率50%）				干旱年份（降水频率75%）				所有年份	
灌水次数	灌水时间	灌水定额/(m³/亩)	灌溉定额/(m³/亩)	灌水次数	灌水时间	灌水定额/(m³/亩)	灌溉定额/(m³/亩)	养分施用量/(kg/亩)	肥料施用量/(kg/亩)
第一茬									
1	返青期（苗期）	18~22	111~125	2	返青期（苗期）	18~22	126~147	N(1.6~2.4)、P_2O_5(2.4~3.2)、K_2O(2.4~2.4)	尿素(3.2~4)、磷酸一铵(4~5.2)、硫酸钾(4~4.8)
2	分枝期	25~27		2	分枝期	24~27			
1	孕蕾期	25~27		1	孕蕾期	24~27			
1	开花期	18~22		1	开花期	18~22			
第二茬									
2	返青期	15~18	80~90	2	返青期	18~22	84~98	N(1.2~1.8)、P_2O_5(1.8~2.4)、K_2O(1.5~1.8)	尿素(2.4~3)、磷酸一铵(3~3.9)、硫酸钾(3~3.6)
1	分枝期	25~27		1	分枝期	24~27			
1	孕蕾期	25~27		1	孕蕾期	24~27			
	开花期				开花期				

续表

| 一般年份(降水频率50%) 第二茬 | | | | 干旱年份(降水频率75%) 第三茬 | | | | 所有年份 | |
灌水次数	灌水时间	灌水定额/(m³/亩)	灌溉定额/(m³/亩)	灌水次数	灌水时间	灌水定额/(m³/亩)	灌溉定额/(m³/亩)	养分施用量/(kg/亩)	肥料施用量/(kg/亩)
1	返青期	18~22	43~49	2	返青期	18~22	60~71	$N(1.2\sim1.8)$, $P_2O_5(1.8\sim2.4)$, $K_2O(1.5\sim1.8)$	尿素(2.4~3), 磷酸一铵(3~3.9), 硫酸钾(3~3.6)
1	分枝~孕蕾期	25~27		1	分枝~孕蕾期	24~27			
	开花期				开花期				
1	冬灌	60	60	1	冬灌	60	60		
合计(灌水12次)			294~324	合计(灌水14次)			330~376	$N(4\sim6)$, $P_2O_5(6\sim8)$, $K_2O(5\sim6)$	尿素(8~10), 磷酸一铵(10~13), 硫酸钾(10~12)

表6-2 内蒙古西部干旱区苜蓿地下滴水肥管理制度表

| | 一般年份（降水频率50%） | | | 干旱年份（降水频率75%） | | | 所有年份 | |
灌水次数	灌水时间	灌水定额/（m³/亩）	灌溉定额/（m³/亩）	灌水次数	灌水时间	灌水定额/（m³/亩）	灌溉定额/（m³/亩）	养分施用量/（kg/亩）	肥料施用量/（kg/亩）
第一茬									
1	返青期（苗期）	15～18	90～105	2	返青期（苗期）	15～18	105～123	N(1.6～2.4)、P₂O₅(2.4～3.2)、K₂O(2～2.4)	尿素(3.2～4)、磷酸一铵(4～5.2)、硫酸钾(4～4.8)
2	分枝期	20～23		2	分枝期	20～23			
1	孕蕾期	20～23		1	孕蕾期	20～23			
1	开花期	15～18		1	开花期	15～18			
第二茬									
2	返青期	15～18	70～82	2	返青期	15～18	70～82	N(1.2～1.8)、P₂O₅(1.8～2.4)、K₂O(1.5～1.8)	尿素(2.4～3)、磷酸一铵(3～3.9)、硫酸钾(3～3.6)
1	分枝期	20～23		1	分枝期	20～23			
1	孕蕾期	20～23		1	孕蕾期	20～23			
	开花期				开花期				

续表

一般年份（降水频率50%）				干旱年份（降水频率75%）				所有年份	
灌水次数	灌水时间	灌水定额/(m³/亩)	灌溉定额/(m³/亩)	灌水次数	灌水时间	灌水定额/(m³/亩)	灌溉定额/(m³/亩)	养分施用量/(kg/亩)	肥料施用量/(kg/亩)
第三茬									
1	返青期	15~18	35~41	2	返青期	15~18	50~59	N(1.2~1.8)、P₂O₅(1.8~2.4)、K₂O(1.5~1.8)	尿素(2.4~3)、磷酸一铵(3~3.9)、硫酸钾(3~3.6)
1	分枝~孕蕾期	20~23		1	分枝~孕蕾期	20~23			
1	开花期			1	开花期				
	冬灌	60	60		冬灌	60	60		
合计（灌水12次）			255~288	合计（灌水14次）			285~324	N(4~6)、P₂O₅(6~8)、K₂O(5~6)	尿素(8~10)、磷酸一铵(10~13)、硫酸钾(10~12)

表6-3　宁夏中部干旱带苜蓿喷水肥管理制度表

灌水次数	一般年份（降水频率50%）			干旱年份（降水频率75%）				所有年份	
	灌水时间	灌水定额/（m³/亩）	灌溉定额/（m³/亩）	灌水次数	灌水时间	灌水定额/（m³/亩）	灌溉定额/（m³/亩）	养分施用量/（kg/亩）	肥料施用量/（kg/亩）
					第一茬				
1	返青期（苗期）	30~34	90~102	2	返青期（苗期）	25~28	110~124	N(1.6~2.4)、P₂O₅(2.4~3.2)、K₂O(2~2.4)	尿素(3.2~4)、磷酸一铵(4~5.2)、硫酸钾(4~4.8)
1	分枝期	30~34		1	分枝期	30~34			
1	孕蕾期	30~34		1	孕蕾期	30~34			
	开花期				开花期				
					第二茬				
1	返青期	25~28	95~106	1	返青期	25~28	95~106	N(1.2~1.8)、P₂O₅(1.8~2.4)、K₂O(1.5~1.8)	尿素(2.4~3)、磷酸一铵(3~3.9)、硫酸钾(3~3.6)
1	分枝期	25~28		1	分枝期	25~28			
1	孕蕾期	25~28		1	孕蕾期	25~28			
	开花期	20~22			开花期	20~22			

续表

一般年份（降水频率 50%）				干旱年份（降水频率 75%）				所有年份	
灌水次数	灌水时间	灌水定额/(m³/亩)	灌溉定额/(m³/亩)	灌水次数	灌水时间	灌水定额/(m³/亩)	灌溉定额/(m³/亩)	养分施用量/(kg/亩)	肥料施用量/(kg/亩)
1	返青期	30~34	55~62	2	返青期	25~28	75~84	N(1.2~1.8)、P₂O₅(1.8~2.4)、K₂O(1.5~1.8)	尿素(2.4~3)、磷酸一铵(3~3.9)、硫酸钾(3~3.6)
1	分枝~孕蕾期	25~28		1	分枝~孕蕾期	25~28			
	开花期				开花期				
1	冬灌	60	60	1	冬灌	60	60		
合计（灌水 10 次）			300~330	合计（灌水 12 次）			340~374	N(4~6)、P₂O₅(6~8)、K₂O(5~6)	尿素(8~10)、磷酸一铵(10~13)、硫酸钾(10~12)

第三茬

表6-4　宁夏中部干旱带苜蓿地下滴灌水肥管理制度表

	一般年份（降水频率50%）				干旱年份（降水频率75%）				所有年份	
	灌水次数	灌水时间	灌水定额/（m³/亩）	灌溉定额/（m³/亩）	灌水次数	灌水时间	灌水定额/（m³/亩）	灌溉定额/（m³/亩）	养分施用量/（kg/亩）	肥料施用量/（kg/亩）
第一茬	1	返青期（苗期）	16~18	86~96	2	返青期（苗期）	16~18	102~114	$N(1.6～2.4)$、$P_2O_5(2.4～3.2)$、$K_2O(2～2.4)$	尿素（3.2~4）、磷酸一铵（4~5.2）、硫酸钾（4~4.8）
	2	分枝期	18~20		2	分枝期	18~20			
	1	孕蕾期	18~20		1	孕蕾期	18~20			
	1	开花期	16~18		1	开花期	16~18			
第二茬	1	返青期	18~20	68~76	2	返青期	16~18	78~88	$N(1.2～1.8)$、$P_2O_5(1.8～2.4)$、$K_2O(1.5～1.8)$	尿素（2.4~3）、磷酸一铵（3~3.9）、硫酸钾（3~3.6）
	1	分枝期	18~20		1	分枝期	16~18			
	1	孕蕾期	18~20		1	孕蕾期	16~18			
	1	开花期	14~16		1	开花期	14~16			

续表

一般年份（降水频率50%）				干旱年份（降水频率75%）				所有年份	
灌水次数	灌水时间	灌水定额（m³/亩）	灌溉定额（m³/亩）	灌水次数	灌水时间	灌水定额（m³/亩）	灌溉定额（m³/亩）	养分施用量（kg/亩）	肥料施用量（kg/亩）
				第三茬					
1	返青期	18~20	36~40	1	返青期	16~18	48~54	$N(1.2{\sim}1.8)$、$P_2O_5(1.8{\sim}2.4)$、$K_2O(1.5{\sim}1.8)$	尿素(2.4~3)、磷酸一铵(3~3.9)、硫酸钾(3~3.6)
1	分枝~孕蕾期	18~20		2	分枝~孕蕾期	16~18			
	开花期				开花期				
1	冬灌	60	60	1	冬灌	60	60	$N(4{\sim}6)$、$P_2O_5(6{\sim}8)$、$K_2O5{\sim}6)$	尿素(8~10)、磷酸一铵(10~13)、硫酸钾(10~12)
合计（灌水12次）			250~272	合计（灌水15次）			288~316		

第七章
中耕除草和病虫害防治

第一节 苜蓿机械化除草作业

在绝大多数苜蓿发育为 3～5 叶片时，根据杂草危害情况，采用苜蓿专用除草剂除草一次；旱地苜蓿宜在 3 月上中旬（萌动前后）结合浅旋平地镇压施肥一体机除草（图 7-1）。化学除草可喷施苜蓿专用除草剂，但在刈割前 14 天内应禁用。

图 7-1 旱地苜蓿浅旋施肥平整除草一体机作业

第二节 主要病虫害及防控方法

一、苜蓿主要虫害防控

1. 主要害虫

主要害虫有蓟马、蚜虫、苜蓿盲蝽和苜蓿夜蛾等。

2. 防治方法

入冬前清除地块周边杂草，减少虫卵寄生源；苜蓿生长后期，特别是第二茬、第三茬极易发生虫害。当蓟马、蚜虫危害严重时，选用高氯啶虫脒、高效氯氰菊酯乳油喷雾防治，使用方法严格按说明书操作。虫害发生在临近刈割期时，可提前刈割。第二茬和第三茬当株高达到 10cm 以上时必须进行蓟马、蚜虫的防控。

二、苜蓿主要病害防控

1. 主要病害

主要病害有白粉病、褐斑病、锈病、根腐病、霜霉病和叶斑病等。

2. 防治方法

播种无病害的种子；及时刈割已发病的苜蓿；科学施肥，不能过量施用氮肥。在中部干旱带苜蓿病害一般都发生在第三茬之后，特别是八九月雨季最易发生。根据多年观察，危害一般较轻，一旦发生可根据危害情况采用提前刈割来防控。

第三节　苜蓿机械化植保作业

一、植保机械分类

植保机械主要用于喷洒除草剂和农药，同时还可喷施植物生长调节剂。植保机械的分类方法，一般按所用的动力可分为人力（手动）植保机械、畜力植保机械、小动力植保机械、拖拉机配套植保机械、自走式植保机械、无人机植保机械。植保机械按照施用化学药剂的方法，可分为喷雾机、喷粉机、土壤消毒机、拌种机、撒粒机等；按配套动力；可分为人力植保机具、畜力植保机具、小型动力植保机具、大型机引或自走式植保机具、无人机喷洒装置等。

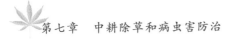
二、植保机械要求

现在常用的苜蓿植保机械一般为无人机和拖拉机配套植保机，见图7-2和图7-3。植保机械一般需满足以下几点要求。

图7-2　苜蓿病虫害防治无人机喷药作业

图7-3　苜蓿病虫害防治植保机喷药作业

（1）应尽量选择适合植保无人机和拖拉机配套植保机喷洒的液体类剂型，需将农药均匀地分布在施用对象所要求的部位上。

（2）使用植保无人机和拖拉机配套植保机施药应在药液中加

入如迈飞等飞防助剂，可以极大地提高药液的附着率，增强药效，减少飘移损失。

（3）植保无人机和拖拉机配套植保机应选择正规厂家，应有较高的喷洒效率和较好的使用经济性和安全性。

三、植保机田间作业要点

（1）掌握喷药时间，避免在降雨前5小时以及温度达到30℃及以上时喷药，以避免因雨水冲刷或高温蒸发药液从而降低药效；喷药作业时作业速度要匀速，3级以上风不能作业。

（2）选择植保无人机时，在喷药作业时需使用全自动模式，避免因重喷或漏喷而产生药害或喷洒不到位；喷药时应尽量选择XR11015VS型号喷嘴，以增加雾滴直径，减少药液的飘移和蒸发；速度应不超过6m/s，高度保持2.5～3m，亩用量在0.85～1L内。

（3）在选择拖拉机配套植保机时，喷药作业中尽量让喷头离地近些，以免药液损失；正式作业前要使喷药机压力达到标定值，随着机车驶入随即打开喷头开关，中途停车时要马上关闭喷头，避免喷药过量引起药害，地头转弯时要随着机组驶出地块而关闭喷头。

（4）农药配制时要严格遵循二次稀释法，先用部分水将农药配制成母液，然后再补足水量，搅拌均匀，不可使用高毒、剧毒农药。农药配制时需穿戴防护服、口罩及一次性手套等，防止药物中毒。

（5）施药地点需挂立警示牌，以防人畜中毒。

（6）作业时应站在上风向，作业过程中不准喝水、饮食、吸烟。人体裸露部分应避免与药剂直接接触。作业后，手、脚、脸、鼻、口等都应洗漱干净。鞋帽、手套、口罩、工作服等未经清洗不准带入住宅内。

（7）作业结束后，应将药瓶回收，并选择适当地点清洗药箱，严防污染水源以及人畜中毒。

第八章
收获与青贮

第一节　收　获

一、刈割时间

水地苜蓿可刈割 3～4 茬，旱地 2～3 茬。每茬应选择在初蕾期～初花期刈割。

二、收获要点

（1）留茬高度：刈割时留茬 3～5cm。

（2）在最后一次刈割时，要注意留 30 天以上的生长期，使根部积累一定量的碳水化合物，有利于越冬和第二年返青。

（3）割草机对地形要有良好的适应性、割茬高度易调整、操作方便，安全装置齐全。收割割幅要适合，拖拉机行走或割草机地轮在作业过程中不压草。传动部件要有防护措施，以防堵塞或缠绕（图 8-1 和图 8-2）。

图 8-1　苜蓿往复式收割机

图 8 - 2 苜蓿圆盘式收割机

三、收割

当前的圆盘式割草机大多都能够满足苜蓿收割的需要，而对于大面积商品苜蓿的收割，考虑叶片与茎秆的干燥速度不同，应优先选择割草压扁机，保证叶片与茎秆同步干燥。

四、机械压扁

苜蓿叶片与茎的干燥速度不同步，晴天情况下，苜蓿叶片只需要 3~4 小时即可干燥，而没有压扁的苜蓿茎干需要 24 小时以上才能达到要求。叶与茎的连接力很小，只要轻微的抖动或搬运都会造成严重的落叶损失，使苜蓿草的蛋白质含量急剧减少。而采用割草压扁机收割苜蓿，可以使苜蓿茎和叶的干燥速度达到基本同步，提高整个苜蓿在田间晾晒时的干燥速度，晴天只要晒 6~8 小时（中间翻一次）就可以基本达到脱水要求进行打捆作业(图 8 - 3)。

因此，机械压扁是苜蓿茎和叶同步干燥、缩短干燥时间、减少损失的有效方法之一，也更能够保证苜蓿的品质。

苜蓿压扁常用机械是割草压扁机，可一次作业完成苜蓿收割、茎秆压扁两个作业工序。经过压扁的苜蓿，干燥速度显著提高，且茎叶干燥均匀，铺成的草条疏松有利于干燥。

图 8-3　苜蓿机械压扁作业

五、翻晒

苜蓿一经割倒，便中断了水分等营养来源，但由于其中含水率较高，呼吸作用及氧化活动还存在，不断消耗和破坏养分并分解蛋白质及氨化物，使苜蓿营养遭到破坏，这个过程一直持续到苜蓿达到安全含水率，含水率降低越快，即达到安全含水率经过的时间越短，苜蓿的养分损失就越小。因此，苜蓿不能长时间曝晒，干燥时间越短越好，这样才能最大限度地保存苜蓿营养。另外，干燥时间过长会受到不良天气的影响，雨淋干草会加强水解和氧化发酵过程，促进微生物繁殖，微生物活动使干草品质降低，水溶性糖和淀粉含量下降，发霉严重。雨淋可使矿物质损失高达 $60\% \sim 70\%$，糖类损失 40%。

翻晒是保证苜蓿均匀快速干燥的有效方法，翻晒可使苜蓿呈蓬松状，草层能够良好通风。翻晒可在割后立即进行。在晴好的天气下，当第一次翻晒 $2 \sim 3$ 小时后，可进行第二次翻晒，但当苜蓿含水率达到或低于 40% 时就不应再翻晒；否则会使苜蓿叶片掉落。对于事先已经压扁的苜蓿，最好搂成草条、草堆，而不必翻晒。翻晒干燥后观察叶片卷成筒状、叶柄易折断、压迫茎秆能挤出水分时，再进行捡拾压捆作业。生产实践中一般常用以下感观法估测苜蓿的含水量：

（1）含水量在 50% 以下的苜蓿青干草：叶片卷缩，颜色由鲜绿色变成深绿色，叶柄易折断。茎秆下半部叶片开始脱落，秸秆颜色基本不变，压迫茎能挤出水分，茎的表皮可用指甲刮下。

（2）含水量25％左右的苜蓿青干草：手摇草束，叶片发出沙声，易脱落。

（3）含水量18％左右的苜蓿青干草：叶片、嫩枝易折断，弯曲茎秆易断裂，不易用指甲刮下表皮。

（4）含水量15％左右的苜蓿青干草：叶片大部分脱落且易破碎，弯曲茎秆极易折断，并发出清脆的断裂声。

六、搂草

搂草是指草地上割下的苜蓿晾晒一定时间后，用机具搂集成草垄（草条）的过程。若苜蓿割晒后不搂，一直在草趟上晾晒，则会因曝晒或漂白等作用使苜蓿叶片脱落，失去绿色，导致品质下降。搂草对加快牧草干燥速度也很有效，尤其是用侧向滚筒式搂草机作业，可将割倒后晾晒一段时间的苜蓿搂成茎秆暴露在外、叶花朝内的高质量蓬松草条，既利于通风干燥，又可使茎叶干燥速度更接近，形成的草条可使苜蓿的叶花在内阴干而不是晒干，从而保存更多的营养（图8-4）。

图8-4　各种苜蓿翻晒搂草机

搂草机根据草条形成的方向可分为横向搂草机和侧向搂草机两大类。横向搂草机的草条与机器前进的方向垂直，草条不太整齐和均匀，因草中陈草多，损失也大，适于低产的天然草场作业。侧向搂草机所集的草条与机器前进方向平行，草条整齐、均匀、蓬松，草移动距离短、污染轻、损失少，适用于高产天然和种植草场作业。

七、打捆

用打捆的方式收获干草，可以减少苜蓿最富营养的草叶损失，可省去散干草集堆、不方便的拉运、集垛等作业环节，而这些作业会造成大量落叶损失。打捆苜蓿比散干草密度高，且有固定的形状，运输、贮藏均可节省空间。打捆主要有田间捡拾行走打捆和固定打捆两种方式。田间行走打捆多用于大面积苜蓿收获，固定打捆常用于分散小地块苜蓿的集中打捆。草捆的形状主要有方形和圆形两种，每种草捆又有大小不同的规格。

田间行走打捆用的机具主要是捡拾打捆机，即将田间晾晒好的含水率在20％～25％间的苜蓿捡拾打成草捆（图8-5、图8-6）。方草捆在苜蓿含水率较低时打捆，圆草捆在苜蓿含水率较高时打捆。草捆大小、重量和密度依不同的机具、含水率而变，一般方草捆尺寸小、重量轻、密度大，非常适于人工搬运，在运输、贮藏及机械化处理等方面均具有优越性。圆草捆尺寸大、体积重、密度小，一般不适合人工搬运。

田间行走打捆机可一次完成对干草的捡拾、压缩和捆绑作业，形成的草捆可铺放在地面，也可由附设的草捆抛掷器抛入后面拖车运走。对于打捆机一般要求捡拾能力强，能将晒干搂好的草条最大限度地捡拾起来，打成的草捆要有一定的密度且形状规则。为保证机具高效作业，对捡拾草条要有一定要求，充分准备好的草条可以减少田间损失及打捆时间，比较厚密的草条可减少打捆机的田间行走，从而提高机具的生产率。但由于打捆机田间行走速度相对较快，草条也不能太厚密；否则会堵塞捡拾器。草条宽度不能比捡拾器宽，应宽度均匀，从而使其喂入均匀，有利于形成密度一致和形状规则的草捆；草条还应清洁无杂物，最好是经搂草机搂好的草条，因搂草机工作过程中可抖落苜蓿上的泥土、杂质，形成了有利干燥且整洁的草条，可满足捡拾打捆机的工作需求。

图 8-5 苜蓿圆捆机

图 8-6 苜蓿方捆机

打捆技术的关键是牧草打捆时的含水率。合适的含水率能更多地保存营养并使草捆成形良好且坚固。当牧草晒得太干时打捆，容易在捡拾打捆过程中造成大量落叶损失，干草质量下降，形成的草捆密度低，形状差，还易松散，同时捡拾效率低；苜蓿湿度太高时打捆，湿草通过压缩室困难，会增加压缩活塞及机具其他部件的负荷，此外湿草捆在贮存期间会变干、收缩导致松散和变形，或者发热和霉烂，降低牧草质量甚至导致家畜生病。

有时为了减少落叶损失，可在含水率较高（22％～25％）的条件下开始捡拾打捆，在这种情况下，要求操作者将草捆密度控制在130kg/m³以下，且打好的草捆在天气状况允许的情况下应留在田间使其继续干燥，这种低密度草捆的后续干燥速度较快，待草捆含水率降至安全标准，再运回堆垛贮存，为了减少捡拾压捆时干草的落叶损失，捡拾压捆作业最好在早晨和傍晚空气湿度较大时进行。但是清晨露水较多及空气湿度太高时都不宜进行捡拾打捆；否则会造成草捆发霉。

固定打捆不同于田间行走打捆，其作业现场既可在田间，也可在场院，收集好的苜蓿需要人工喂入，草捆一般相对较大，对草质量要求也同于田间行走打捆。

草捆是最主要的草产品之一，它既可在产区自用，也常作为商品出售，还可以深加工成高密度草捆，如干草粉、草颗粒等进行出口或供应国内市场。

第二节　青　贮

苜蓿青贮或半干青贮，养分损失小，具有青绿饲料的营养特点，适口性好，消化率高，能长期保存。青贮主要有以下几种方式。

一、半干青贮

一般采用青贮窖贮存苜蓿，在苜蓿含水量降到40％～50％时进行青贮。这种青贮料兼有干草和青贮的优点。

二、加甲酸青贮

方法是每吨青贮原料加85％～90％甲酸2.8～3kg，分层喷晒。甲酸在青贮和留胃消化过程中，能分解成对家畜无毒的CO_2和CH_4，并且甲酸本身也可被家畜吸收利用。用这种青贮饲料饲喂家畜，效果明显好于普通青贮饲料。

三、拉伸膜（或装袋）青贮

全部机械化作业，操作程序为：割草→晾晒干燥→捡拾压捆→缠绕拉伸膜（或装袋）。其优点主要是不受天气变化影响，保存时间长，一般可存放3～5年，使用方便。

各种拉伸膜青贮作业如图8-7和图8-8所示。

图8-7 自走式拉伸膜青贮作业

图8-8 固定式拉伸膜青贮作业

附表 1

干旱风沙区苜蓿喷灌高效节水全程机械化综合生产技术模式图

苜蓿生育期		返青期	分枝期	孕蕾期	初花期
各生育期主要目标		适时灌返青水，保证苜蓿返青	苜蓿水肥关键时期，适时施肥灌溉，促进苜蓿分枝、伸长，保证叶片大秆壮	视土壤墒情，适时补灌，保证土壤墒情，提高牧草干物质产量	初花期（小于10%开花）及时刈割，保证牧草适口性和品质
水肥一体化管理技术（内蒙古西部干旱风沙区）（降水频率50%）	第一茬	灌水一次，为 18～22m³/亩，随水施入尿素 3.2～4kg/亩，磷酸一铵 4～5.2kg/亩，硫酸钾 4～4.8kg/亩	灌水两次，每次 15～18m³/亩，随第一水施入尿素 2.4～3kg/亩，磷酸一铵 3～3.9kg/亩，硫酸钾 3～3.6kg/亩	灌水一次，为 25～27m³/亩	灌水一次，为 18～22m³/亩
	第二茬		灌水一次，为 25～27m³/亩	灌水一次，为 25～27m³/亩	
	第三茬	灌水一次，为 18～22m³/亩，随水施入尿素 2.4～3kg/亩，磷酸一铵 3～3.9kg/亩，硫酸钾 3～3.6kg/亩	灌水一次，为 25～27m³/亩	灌水一次，为 25～27m³/亩	
冬灌		在 11 月中旬，灌一次越冬水，为 60m³/亩			

续表

水肥一体化管理技术（降水频率50%）宁夏中部干旱带				
第一茬	灌水一次，为30～34m³/亩，随水施入尿素3.2～4kg/亩、磷酸二铵4～5.2kg/亩、硫酸钾4～4.8kg/亩	灌水一次，为30～34m³/亩	灌水一次，为30～34m³/亩	灌水一次，为20～22m³/亩
第二茬	灌水一次，为25～28m³/亩，随水施入尿素2.4～3kg/亩、磷酸二铵3～3.9kg/亩、硫酸钾3～3.6kg/亩	灌水一次，为25～28m³/亩	灌水一次，为25～28m³/亩	
第三茬	灌水一次，为30～34m³/亩，随水施入尿素2.4～3kg/亩、磷酸二铵3～3.9kg/亩、硫酸钾3～3.6kg/亩	灌水一次，为25～28m³/亩	灌水一次，为25～28m³/亩	
冬灌	在11月中旬，灌一次越冬水，为60m³/亩			

农艺管理技术	播种和病虫害防治	苜蓿可以从4～7月播种，旱播当年可以收割1～2茬；晚播保证冬季越冬即可。裸种苗播量0.9～1.5kg，播深2cm；条播行距15～30cm	苜蓿发生蓟马、叶象甲和苜蓿蚜类等危害时，施用高效氯氰菊酯4.5%乳油叶面喷雾有效成分1～1.5g/亩，或遵药剂使用说明	苜蓿发生蚜虫危害时，施用吡虫啉3%乳油或吡虫脒5%乳油叶面喷雾有效成分1～2g/亩，或遵药剂使用说明	苜蓿锈病可用代森锰锌叶面喷雾防治
	注意事项	(1)提早检查苜蓿部机房、水源、电、耕作机械的完好情况，做好准备 (2)初蕾期～初花期刈割，留茬高度3～5cm；每次刈割后7天结合追肥灌水 (3)刈割后均匀摊开，翻晒1～2次，含水量降至20%～25%（茎可折断）时打捆，打捆质量40kg			
农机配套技术	工艺流程	整地施肥⇨播种⇨水肥一体化⇨收割揉草⇨打捆⇨首部控制系统⇨运输贮藏			
	配套机械	土壤耕作机械、精量播种机、首部控制系统、切割压扁机、搂草机、板车和储草棚、激光平地仪、喷灌机、翻晒搂草机			

附表 2

干旱风沙区苜蓿地下滴灌高效节水全程机械化综合生产技术模式图

苜蓿生育期		返青期	分枝期	孕蕾期	初花期
各生育期主要目标		适时灌返青水，保证苜蓿返青	苜蓿水肥关键时期，适时施肥灌溉，促进苜蓿分枝伸长，保证叶大秆壮	视土壤墒情，适时补灌，保证土壤墒情，提高牧草干物质产量	初花期（小于10%开花）及时刈割，保证牧草适口性和品质
水肥一体化管理技术（内蒙古西部干旱风沙区）（降水频率50%）	第一茬	灌水一次，为15~18m³/亩，随水施入尿素3.2~4kg/亩，磷酸一铵4~5.2kg/亩，硫酸钾4~4.8kg/亩	灌水两次，每次20~23m³/亩	灌水一次，为20~23m³/亩	灌水一次，为15~18m³/亩
	第二茬	灌水两次，每次15~18m³/亩，随第一水施入尿素2.4~3kg/亩，磷酸一铵3~3.9kg/亩，硫酸钾3~3.6kg/亩	灌水一次，为20~23m³/亩	灌水一次，为20~23m³/亩	
	第三茬	灌水一次，为15~18m³/亩，随水施入尿素2.4~3kg/亩，磷酸一铵3~3.9kg/亩，硫酸钾3~3.6kg/亩	灌水一次，为20~23m³/亩		
	冬灌	在11月中旬，灌一次越冬水，为60m³/亩			

水肥一体化管理技术（降水频率50%）宁夏中部干旱带	第一茬	灌水一次，为 16～18m³/亩，随水施入尿素 3.2～4kg/亩，磷酸一铵 4～5.2kg/亩，硫酸钾 4～4.8kg/亩	灌水两次，每次 18～20m³/亩	灌水一次，为 18～20m³/亩	灌水一次，为 16～18m³/亩
	第二茬	灌水一次，为 18～20m³/亩，随水施入尿素 2.4～3kg/亩，磷酸二铵 3～3.9kg/亩，硫酸钾 3～3.6kg/亩	灌水一次，为 18～20m³/亩	灌水一次，为 18～20m³/亩	灌水一次，为 14～16m³/亩
	第三茬	灌水一次，为 18～20m³/亩，随水施入尿素 2.4～3kg/亩，磷酸二铵 3～3.9kg/亩，硫酸钾 3～3.6kg/亩	灌水一次，为 18～20m³/亩	灌水一次，为 18～20m³/亩	
	冬灌	在 11 月中旬，灌一次越冬水，为 60m³/亩			
农艺管理技术	播种	苜蓿可以从 4～7 月播种，旱播当年可以收割 1～2 茬，晚播保证冬季越冬即可。裸种亩播种量 0.9～1.5kg/亩，播深 2cm，条播，行距 15～30cm			
	病虫害防治	苜蓿发生蓟马、叶象甲、蝗类、盲蝽类和无翅类等虫害危害时，施用高效氯氰菊酯 4.5%乳油叶面喷雾，有效成分 1～1.5g/亩，或遵照药剂使用说明	苜蓿发生蚜虫危害时，施用吡虫啉 3%乳油或啶虫脒 5%乳油叶面喷雾，有效成分 1～2g/亩，或遵照药剂使用说明		苜蓿锈病可用代森锰锌 3kg/亩叶面喷雾防治
	注意事项	(1)提早检查苜蓿部苜蓿部机房、水源、电、耕作机械的完好情况，做好准备 (2)初蕾期～初花期刈割，留茬高度 3～5cm，每次刈割后 7 天根据墒结合追肥灌水 (3)刈割后均匀摊开，翻晒 1～2 次，含水量降至 20%～25%（茎可折断）时打捆；打捆质量 40kg			
农机配套技术	工艺流程	整地施底肥⇨播种⇨水肥一体化⇨收割⇨收获搂草⇨苜蓿部控制系统⇨切割压扁机、板车和储草棚、激光平地仪、喷灌机、翻晒搂草机			
	配套机械	土壤耕作机械、精量播种机、苜蓿部控制系统、激光平地仪、喷灌机、翻晒搂草机、捡拾打捆机、捡拾压扁机、板车和储草棚			

参 考 文 献

[1] 程满金,郭富强，等. 内蒙古农牧业高效节水灌溉技术研究与应用 [M]. 北京：中国水利水电出版社，2017.

[2] 鲍子云. 宁夏中部干旱带高效节水特色农业综合生产技术 [M]. 银川：宁夏人民出版社，2018.

[3] 史海滨. 田军仓，刘庆华. 灌溉排水工程学 [M]. 北京：中国水利水电出版社，2006.

[4] 洪绂曾. 苜蓿科学 [M]. 北京：中国农业出版社，2009.

[5] 周金金. 地表水取水工程 [M]. 北京：化学工业出版社，2005.

[6] 郭旭新. 农业灌溉排水工程技术 [M]. 北京：中国水利水电出版社，2017.

[7] 史海滨，等. 牧区水利工程学 [M]. 北京：中国水利水电出版社，2019.

[8] 李彬,妥德宝,程满金，等. 水肥一体化条件下内蒙古优势作物水肥利用效率及产量分析 [J]. 水资源与水工程学报，2015，26（4）：216－222.

[9] 高凌智,李彬,史海滨，等. 鄂尔多斯高原西部降水量变化特征分析——以鄂托克旗为例 [J]. 甘肃农业大学学报，2020，55（6）：150－159.

[10] 周乾,徐利岗,杜建民，等. 宁夏干旱风沙草原区紫花苜蓿地下滴灌水肥耦合试验研究 [J]. 节水灌溉. 2019（7）：21－25，31.

[11] 中华人民共和国住房与城乡建设部.GB/T 50265—2010 机井技术规范 [S]. 北京：中国水利水电出版社，2011.

[12] 山西省水利水电勘测设计研究院.SL 269—2001 水利水电沉砂池设计规范 [S]. 北京：中国水利水电出版社，2001.

[13] 常根柱,师尚礼. 优质苜蓿品种及栽培关键技术 [M]. 北京：中国三峡出版社，2006.

[14] 孙洪仁,刘文清,朱伟军. 苜蓿种植技术 [M]. 北京：中国林业出版社，2020.

[15] 杨青川. 苜蓿种植区划及品种指南 [M]. 北京：中国农业出版社. 2012.